一目了然全图解系列

一目了然
学电子技术

郑全法　张　彤　武鹏程　编著

电子工业出版社
Publishing House of Electronics Industry
北京·BEIJING

内容简介

本书从电子技术基础知识讲起,详细介绍了常用元器件的特点、半导体器件的功能,以及常见的单元电路、直流稳压电源、整流电路、交/直流变流电路,还介绍了PWM电路的功能和实现,最后以软开关电路收尾。为了使内容符合"实用、简单、够用"的原则,本书力求从读者的实际需求出发,降低难度,减少定量计算,由浅入深、环环相扣。

本书适合电子技术初学者阅读使用,也可作为高等学校相关专业的教学用书。

未经许可,不得以任何方式复制或抄袭本书之部分或全部内容。
版权所有,侵权必究。

图书在版编目(CIP)数据

一目了然学电子技术/郑全法,张彤,武鹏程编著. — 北京:电子工业出版社,2020.4
(一目了然全图解系列)
ISBN 978-7-121-38719-7

Ⅰ. ①一… Ⅱ. ①郑… ②张… ③武… Ⅲ. ①电子技术-图解 Ⅳ. ①TN-64

中国版本图书馆CIP数据核字(2020)第039478号

责任编辑:张 剑(zhang@phei.com.cn)
印　　刷:三河市良远印务有限公司
装　　订:三河市良远印务有限公司
出版发行:电子工业出版社
　　　　　北京市海淀区万寿路173信箱　邮编:100036
开　　本:787×1092　1/16　印张:14　字数:358千字
版　　次:2020年4月第1版
印　　次:2020年4月第1次印刷
定　　价:59.00元

凡所购买电子工业出版社图书有缺损问题,请向购买书店调换。若书店售缺,请与本社发行部联系,联系及邮购电话:(010)88254888,88258888。
质量投诉请发邮件至zlts@phei.com.cn,盗版侵权举报请发邮件至dbqq@phei.com.cn。
本书咨询联系方式:zhang@phei.com.cn。

前言

当今，科学技术飞速发展，电子技术正在与所有人的工作和生活建立起千丝万缕的联系。

本书从电子技术基础知识讲起，详细介绍了常用元器件的特点、半导体器件的功能，以及常见的单元电路、直流稳压电源、整流电路、交/直流变流电路，还介绍了PWM电路的功能和实现，最后以软开关电路收尾。为了使内容符合"实用、简单、够用"的原则，本书力求从读者的实际需求出发，降低难度，减少定量计算，由浅入深、环环相扣。

本书将大量内容以图解的方式呈现出来；在电路、波形等关键点上，用清晰的标志将其突显出来，使其成为关键点的扩展阅读，方便读者对所学内容举一反三。

本书由郑全法、张彤、武鹏程编著。另外，参加本书编写的还有郑亭亭、赵海风和武寅。

由于时间仓促，加之编者水平有限，书中难免存在错误和疏漏之处，欢迎广大读者提出宝贵意见。

编著者

目录

第1章 电子技术基础 1

1.1 电信号 2
1.1.1 信号 2
1.1.2 模拟信号和数字信号 2

1.2 电子信息系统 3
1.2.1 电子系统的组成 3
1.2.2 电子系统中的模拟电路 3
1.2.3 电子信息系统的组成原则 4

第2章 常用电子元器件 5

2.1 电阻器 6
2.1.1 电阻器的功能 6
2.1.2 电阻器的主要参数 7
2.1.3 电阻器的命名及标注方法 9
2.1.4 电阻器的检测 13

2.2 电位器 14
2.2.1 电位器的功能和特点 14
2.2.2 电位器的种类 15
2.2.3 电位器的检测 16

2.3 敏感电阻器 17
2.3.1 热敏电阻 17
2.3.2 光敏电阻 18
2.3.3 磁敏电阻 18

2.4 电容器 19
2.4.1 电容器的功能 19
2.4.2 电容器的主要参数 21
2.4.3 电容器的命名及标注方法 22
2.4.4 电容器的分类 23
2.4.5 电容器的检测 24

2.5 电感器 26
2.5.1 电感器的功能 26
2.5.2 电感器的主要参数 27

2.5.3 电感器的命名和标注方法　29
2.5.4 电感器的检测　30

2.6 变压器　31

2.6.1 变压器的功能　31
2.6.2 变压器的主要参数　32
2.6.3 变压器的检测　33

第3章　常用半导体器件　35

3.1 pn结　36

3.1.1 pn结的作用　36
3.1.2 pn结的工作原理　36

3.2 半导体二极管　37

3.2.1 半导体二极管的种类和特点　37
3.2.2 二极管的命名规则　38
3.2.3 二极管的主要参数　39
3.2.4 二极管的检测　39
3.2.5 稳压二极管　41
3.2.6 双基极二极管　43

3.3 晶体三极管　45

3.3.1 晶体三极管的结构及类型　45
3.3.2 三极管的命名规则　46
3.3.3 三极管的主要参数　46
3.3.4 三极管的检测　48

3.4 场效应管　50

3.4.1 场效应管的种类和特点　50
3.4.2 场效应管的性能参数　51
3.4.3 场效应管的检测　52

3.5 晶闸管　54

3.5.1 晶闸管的种类和特点　54
3.5.2 晶闸管型号的识别　55
3.5.3 晶闸管的检测　56

3.6 集成电路　58

3.6.1 集成电路的特点　58
3.6.2 集成电路引脚识别方法　59
3.6.3 集成电路电源引脚识别方法　61

第4章　基本放大电路　63

4.1　基本放大电路简介　64
4.2　共发射极放大电路　64
- 4.2.1　共发射极放大电路的组成　64
- 4.2.2　共发射极放大电路的静态分析　66
- 4.2.3　共发射极放大电路的动态分析　68

4.3　共集电极放大电路　73
4.4　共基极放大电路　75
4.5　双级放大电路　78
- 4.5.1　双级放大电路的特点和组成　78
- 4.5.2　双级放大电路的放大过程　79

4.6　多级放大电路　80
- 4.6.1　多级放大电路耦合方式　80
- 4.6.2　阻容耦合放大电路　81

4.7　场效应管放大电路　84
- 4.7.1　场效应管放大电路的组成　84
- 4.7.2　场效应管放大电路的静态分析　84

第5章　直流稳压电源　87

5.1　整流电路　88
- 5.1.1　单相整流电路　88
- 5.1.2　全波桥式整流电路　89
- 5.1.3　倍压整流电路　91

5.2　滤波电路　93
- 5.2.1　电容滤波电路　93
- 5.2.2　电感滤波电路　94
- 5.2.3　复式滤波电路　95

5.3　直流稳压电路　96
- 5.3.1　并联型稳压电路（硅稳压管）　96
- 5.3.2　串联型稳压电路（三极管）　97
- 5.3.3　常用三端稳压集成电路　98

5.4　开关稳压电源　100
- 5.4.1　串联降压型开关稳压电源　100
- 5.4.2　并联升压型开关稳压电源　101

第6章 整流电路 103

6.1 单相整流电路 104
6.1.1 单相半波整流电路 104
6.1.2 单相桥式整流电路 106

6.2 三相晶闸管整流电路 109

第7章 直流-直流变流电路 113

7.1 基本斩波电路 114
7.1.1 降压斩波电路 114
7.1.2 升压斩波电路 117
7.1.3 升/降压斩波电路 120
7.1.4 Cuk 斩波电路 121
7.1.5 Sepic 斩波电路和 Zeta 斩波电路 122

7.2 复合斩波电路和多相多重斩波电路 123
7.2.1 电流可逆斩波电路 123
7.2.2 桥式可逆斩波电路 124
7.2.3 多相多重斩波电路 124

7.3 带隔离变压器的直流变流电路 126
7.3.1 单端反激式直流斩波电路 126
7.3.2 单端正激式直流斩波电路 130
7.3.3 半桥式直流变流电路 132
7.3.4 全桥式直流变流电路 133
7.3.5 推挽式直流斩波电路 135

第8章 交流-交流变流电路 137

8.1 交流调压电路 138
8.1.1 单相交流调压电路 138
8.1.2 三相交流调压电路 144

8.2 其他交流电力控制电路 148
8.2.1 交流调功电路 148
8.2.2 交流电力电子开关 149

8.3 交-交变频电路 151
8.3.1 单相交-交变频电路 151
8.3.2 三相交-交变频电路 157

8.4 矩阵式变频电路 161

第 9 章 PWM 控制技术 165

9.1 PWM 控制的基本原理 166
9.2 PWM 逆变电路及其控制方法 168

9.2.1 计算法和调制法 168
9.2.2 异步调制和同步调制 174
9.2.3 规则采样法 176
9.2.4 PWM 逆变电路的谐波分析 178
9.2.5 提高直流电压利用率和减少开关次数 179
9.2.6 PWM 逆变电路的多重化 184

9.3 PWM 跟踪控制技术 187

9.3.1 滞环比较方式 187
9.3.2 三角波比较方式 190

9.4 PWM 整流电路及其控制方法 191

9.4.1 PWM 整流电路的工作原理 191
9.4.2 PWM 整流电路的控制方法 193

第 10 章 软开关技术 197

10.1 软开关的基本认知 198

10.1.1 软开关 198
10.1.2 全波桥式整流电路 199

10.2 软开关电路的分类 200
10.3 典型的软开关电路 202

10.3.1 零电压开关准谐振电路 202
10.3.2 谐振直流环 204
10.3.3 移相全桥型零电压开关 PWM 电路 206
10.3.4 零电压转换 PWM 电路 209

附录 A 电机四象限简述 213
附录 B 半导体集成电路型号命名方法 214

第 1 章

电子技术基础

1.1 电信号
1.2 电子信息系统

1.1 电信号

1.1.1 信号

信号

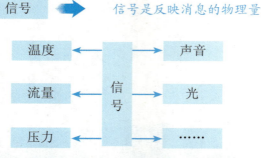

信号是消息的表现形式,信息是指存在于消息之中的新内容

信息需要借助某些物理量的变化来表示和传递,广播和电视利用电磁波来传送声音和图像就是很好的例证

电信号

由于非电的物理量可以转换为电信号(如利用热电偶可将温度信号转换为电信号,利用传声器可将声音信号转换为电信号等),而且电信号又容易传送和控制,因此电信号成为应用最为广泛的信号之一。可以通过电信号传送、交换、存储、提取信息。

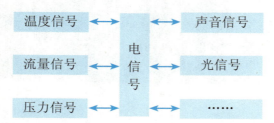

电信号通常是指与时间相关的电压 u 或电流 i,在数学描述上可将其表示为时间 t 的函数,即 $u = f(t)$ 或 $i = f(t)$,并可绘制其波形。电子电路中的信号均为电信号(以下简称为信号)。

1.1.2 模拟信号和数字信号

模拟信号 在时间和数值上均具有连续性,即对应于任意时间值 t 均有确定的函数值 u 或 i,并且 u 或 i 的幅值是连续取值的。例如,正弦波信号就是典型的模拟信号。

数字信号 在时间和数值上均具有离散性,u 或 i 的变化在时间上不连续,总是发生在离散的瞬间,并且其数值是一个最小量值的整倍数,并以此倍数作为数字信号的数值。

应当指出,大多数物理量所转换成的信号均为模拟信号。在信号处理时,模拟信号和数字信号可以相互转化。

1.2 电子信息系统

电子信息系统可简称为电子系统。

1.2.1 电子系统的组成

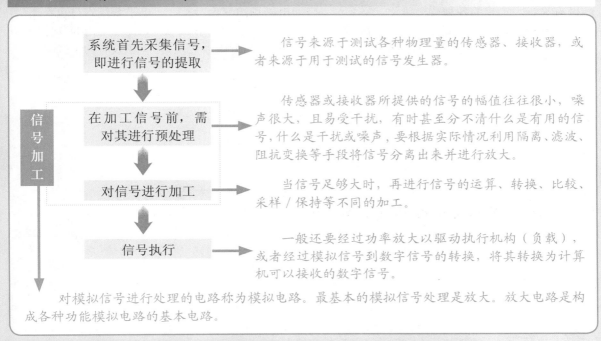

对模拟信号进行处理的电路称为模拟电路。最基本的模拟信号处理是放大。放大电路是构成各种功能模拟电路的基本电路。

1.2.2 电子系统中的模拟电路

在设计电子系统时,不仅要考虑如何实现预期的功能和性能指标,而且要考虑系统的可测性和可靠性。所谓可测性,包含两个含义,一是为了调试方便而引出合适的测试点,二是为系统设计具有一定故障覆盖率的自检电路和测试激励信号。所谓可靠性,是指系统在工作环境下能够稳定运行,具有一定的抗干扰能力。

在设计系统时,应尽可能做到以下4点。

考虑因素一

必须满足功能和性能指标的要求。

考虑因素二

在满足功能和性能指标要求的前提下,电路结构要尽量简单。

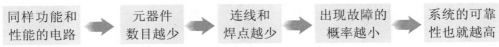

因此,对于电子系统,能用集成电路实现的就不选用分立元器件构成电路,能用大规模集成电路实现的就不选用中小规模集成电路。

考虑因素三

所谓电磁兼容性，是指电子系统在预定的环境下，既能够抵御周围电磁场的干扰，又能够较少地影响周围环境。

| 既有来自大自然的各种放电现象、宇宙的各种电磁变化，又有人类自己利用电和电磁场从事的各种活动 | ➡ | 空间电磁场的变化对电子系统均会造成不同程度的干扰 | ➡ | 电子系统本身也在不同程度上成为其他电子设备的干扰源 |

在电子系统中，多采用隔离、屏蔽、接地、滤波、去耦等技术来获得较强的抗干扰能力；此外，必要时还应选用抗干扰能力强的元器件，并对元器件进行精密调整。

考虑因素四

系统的调试应简单、方便，而且生产工艺应简单。

1.2.3 电子信息系统的组成原则

在电子系统中，常用的模拟电路及其功能如下所述。

放大电路 ➡ 用于电压、电流或功率信号的放大。

滤波电路 ➡ 用于信号的提取、变换或抗干扰。

运算电路 ➡ 完成一个或多个信号的加、减、乘、除、积分、微分、对数、指数等运算。

信号转换电路 ➡ 用于将电流信号转换成电压信号，将电压信号转换成电流信号，将直流信号转换为交流信号，将交流信号转换为直流信号，将直流电压转换成与之呈正比的频率等。

信号发生电路 ➡ 用于产生正弦波、矩形波、三角波、锯齿波等。

直流电源 ➡ 将 220 V/50 Hz 交流电转换成不同输出电压和电流的直流电，作为各种电子电路的供电电源。

>> **特殊提示**

在上述电路中，均含有放大电路，因此放大电路是模拟电子电路的基础。

第 2 章

常用电子元器件

2.1 电阻器

2.2 电位器

2.3 敏感电阻器

2.4 电容器

2.5 电感器

2.6 变压器

2.1 电阻器

2.1.1 电阻器的功能

电阻器是最常用的元件之一,常被简称为电阻。电阻器的应用非常广泛,种类也非常多,通常分为固定电阻器、电位器和敏感电阻器等。

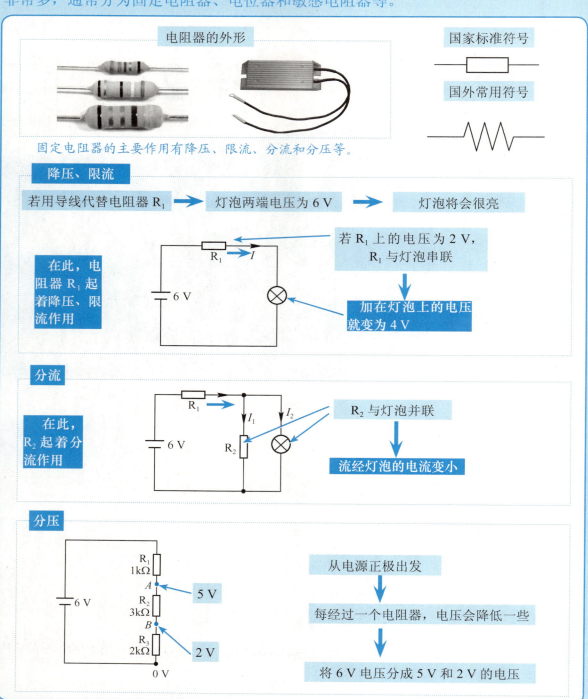

2.1.2 电阻器的主要参数

电阻器的性能参数主要有以下 7 种。

标称电阻值

标称电阻值是指按国家规定标准化的电阻值。

不同类型的电阻器有不同的电阻值范围,不同精度的电阻器其标称电阻值系列也不同。电阻标称值应是符合国家规定的数值之一再乘以 10^n（n 为正整数）。标称电阻值中大部分不是整数。

系 列	容 差	标 称 值										
E24	±5%	1.0	1.2	1.5	1.8	2.2	2.7	3.3	3.9	4.7	5.6	6.8	8.2
		1.1	1.3	1.6	2.0	2.4	3.0	3.6	4.3	5.1	6.2	7.5	9.1
E12	±10%	1.0	1.2	1.5	1.8	2.2	2.7	3.3	3.9	4.7	5.6	6.8	8.2
E6	±20%	1.0		1.5		2.2		3.3		4.7		6.8	

标称功率

电阻器在有电流流过时会发热,若温度太高,容易烧毁电阻器。根据其材料和尺寸的不同,对电阻器的功率损耗要有一定的限制,保证其安全工作的功率值称为电阻器的标称功率。

名 称	额定功率/W					
实心电阻器	0.25	0.5	1	2	5	—
线绕电阻器	0.5、1	2、6	10、15	25、35	50、75	100、150
薄膜电阻器	0.025、0.05	0.125、0.25	0.5、1	2、5	10、25	50、100

工业上批量生产的电阻器,为了满足使用者对规格的各种需求,并使规格品种简化到最低的程度,除少数特殊的电阻器外,一般都是按标准化的额定功率系列生产的。

容差

容差（允许偏差）是指电阻器的实际电阻值与其标称电阻值之间的相对误差。容差是衡量电阻器精度的指标。容差用 δ 表示,即

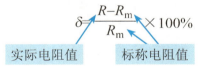

$$\delta = \frac{R - R_m}{R_m} \times 100\%$$

其中 R 为实际电阻值,R_m 为标称电阻值。

固定电阻器的容差及文字符号见下表。

容 差	文字符号	容 差	文字符号
±0.001%	Y	±0.5%	D
±0.002%	X	±1%	F
±0.005%	E	±2%	G
±0.01%	L	±5%	J
±0.02%	P	±10%	K
±0.05%	W	±20%	M
±0.1%	B	±30%	N
±0.25%	C	—	—

常用的电阻器精度等级如下：

容　　差	±0.5%	±1%	±5%	±10%	±20%
级　　别	005	01	Ⅰ	Ⅱ	Ⅲ

温度系数

温度的变化会引起电阻值的改变。温度系数是指温度每变化1℃所引起的电阻值变化量与标准温度下（一般指25℃）的电阻值（R_{25}）之比，单位为℃$^{-1}$，或者写成ppm/℃（ppm为百万分之一，即10^{-6}）。

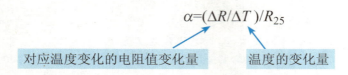

$$\alpha = (\Delta R/\Delta T)/R_{25}$$

对应温度变化的电阻值变化量　　　温度的变化量

精密电阻器的温度系数较小，用文字符号表示为：
S（$±5×10^{-6}$/℃）　　　　　　　R（$±10×10^{-6}$/℃）
Q（$±15×10^{-6}$/℃）　　　　　　N（$±25×10^{-6}$/℃）
M（$±50×10^{-6}$/℃）

最大工作电压

电阻器在不发生电击穿、放电等有害现象时，其两端所允许施加的最大电压，称为最大工作电压U_m。

噪声

电阻器的噪声是产生于电阻器中的一种不规则的变化。它主要包括导体中电子的不规则热运动引起的热噪声和流过电阻器电流的变化所引起的电流噪声。

非线性

如果施加在电阻器两端的电压与电阻器中流过的电流之比不是常数，称电阻器具有非线性。
电阻器的非线性用电压系数来表示，即在规定的电压范围内，电压每改变1 V时电阻值的平均相对变化量。一般金属型电阻器的非线性较小，非金属型电阻器有较大的非线性。

2.1.3 电阻器的命名及标注方法

电阻器标称电阻值的识读

由于电阻器的体积很小，一般只在其表面标注电阻值、精度、材料、功率等几项。对于 1/8～1/2 W 之间的小功率电阻器，通常只标注电阻值和精度，而其材料及功率则由外形尺寸和颜色来判断。常用的参数标注方法有如下 4 种。

文字直接标注

文字直接标注法就是直接印出电阻值，如电阻器上印有 "1.5k" 或 "1k5" 字样。另外，通过电阻器上所标注的字母也可以判断制成电阻器的材料，字母与其对应的材料如下所示：

符号	T	J	X	H	Y	C	S	I	N
材料	碳膜	金属膜	线绕	合成膜	氧化膜	沉积膜	有机实心	玻璃釉膜	无机实心

色环标注

小功率电阻器（特别是 1/2 W 以下的碳膜电阻器和金属膜电阻器）多用表面色环表示其标称电阻值，每一种颜色代表一个数字，这在工程上称为色环。常用的电阻值色环标注方法分为三色环、四色环和五色环 3 种，其表示方法如下所示。

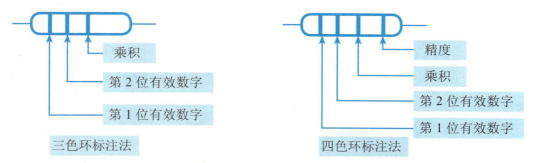

三色环标注法　　　　　四色环标注法

色环颜色	第1色环 第1位数值	第2色环 第2位数值	第3色环 第3位数值	第4色环 第4位数值
黑	—	0	$\times 10^0$	—
棕	1	1	$\times 10^1$	—
红	2	2	$\times 10^2$	—
橙	3	3	$\times 10^3$	—
黄	4	4	$\times 10^4$	—
绿	5	5	$\times 10^5$	—
蓝	6	6	$\times 10^6$	—
紫	7	7	$\times 10^7$	—
灰	8	8	$\times 10^8$	—
白	9	9	$\times 10^9$	—
金	—	—	$\times 10^{-1}$	±5%
银	—	—	$\times 10^{-2}$	±10%
无色	—	—	—	±20%

五色环电阻器一般是金属膜电阻器,为更好地表示其精度,用 4 个色环表示电阻值,另一个色环表示精度。

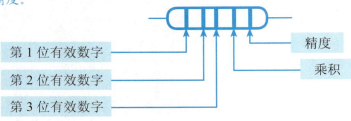

五色环标注法

色环颜色	第1色环	第2色环	第3色环	第4色环	第5色环
	第1位数值	第2位数值	第3位数值	第4位数值	第5位数值
黑	—	0	0	$\times 10^0$	—
棕	1	1	1	$\times 10^1$	±1%
红	2	2	2	$\times 10^2$	±2%
橙	3	3	3	$\times 10^3$	—
黄	4	4	4	$\times 10^4$	—
绿	5	5	5	$\times 10^5$	±5%
蓝	6	6	6	$\times 10^6$	±0.25%
紫	7	7	7	$\times 10^7$	±0.1%
灰	8	8	8	$\times 10^8$	—
白	9	9	9	$\times 10^9$	—
金	—	—	—	$\times 10^{-1}$	—
银	—	—	—	$\times 10^{-2}$	—

直接标注法

即用数字和单位符号在电阻器表面直接标注电阻值,如 3.3 kΩ±5%。

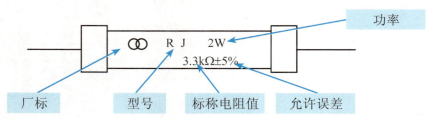

三位数字法

即用 3 位阿拉伯数字表示电阻器的电阻值,其中前两位数字表示电阻值的有效数字,第 3 位数字表示有效数字后面零的个数 (或 10 的幂数)。如 "200" 表示 20 Ω,"331" 表示 330 Ω,"472" 表示 4.7 kΩ。

电阻器型号的识别

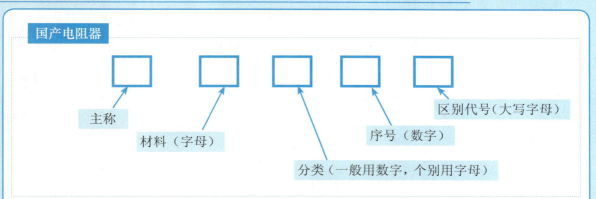

第1部分：主称		第2部分：材料		第3部分：特征分类			第4部分
符号	含义	符号	含义	符号	含义		
					电阻器	电位器	
R W（RP）	电阻器 电位器	T	碳膜	1	普通	普通	对主称、材料特征相同，仅尺寸、性能指标略有差别，但基本上不影响互换的产品，给予同一序号；如果尺寸、性能指标的差别已明显影响互换时，则在序号后面用大写字母作为区别代号予以区别
		R	合成膜	2	普通	普通	
		S	有机实心	3	超高频		
		N	无机实心	1	高电阻		
		J	金属膜	5	高温		
		Y	氧化膜				
		C	沉积膜	7	精密	精密	
		I	玻璃釉膜	8	高电压		
		P	硼碳膜	9	特殊	特殊	
		U	硅碳膜	G	高功率		
		X	线绕	T	可调		
		M	压敏	W		微调	
		G	光敏	D		多圈	
		R	热敏	B	温度补偿用		
				C	温度测量用		
				P	旁热式		
				W	稳压式		
				Z	正温度系数		

国外电阻器

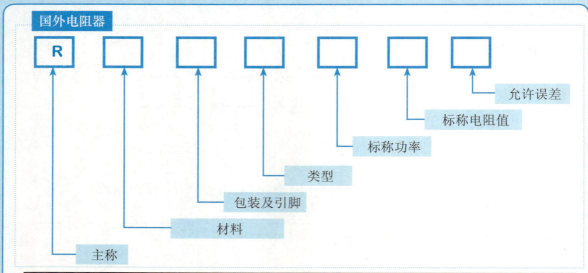

第1部分：主称		第2部分：材料		第3部分：包装及引脚		第4部分：类型	
符号	含义	符号	含义	数字	含义	符号	含义
R	电阻器	D	碳膜	05	非金属套，引脚方向相反，与轴平行	Y	一般型（适用RD、RS、RK）
		C	碳质			GF	一般（适用RW）
		S	金属氧化膜	08	无包装，引脚方向相同，与轴垂直	J	一般（适用RW）
		W	线绕			S	绝缘型
		K	金属化	13	无包装，引脚方向相同，与轴垂直	H	高频型
		B	精密线绕			P	耐脉冲型
		N	金属膜	14	非金属外包装，引脚方向相同，与轴平行	N	耐温型
				16	非金属外包装，引脚方向相同，与轴平行	NL	低器械声型
				21	非金属套，片状引出方向相同，与轴平行		
				24	无包装，片状引出方向相同，与轴垂直		
				26	非金属外包装，片状引出方向相同，与轴垂直		

第5部分：标称功率/W		第6部分：标称电阻值	第7部分：电阻值允许偏差/(%)
符号	含义		
2B	0.125	① 当电阻值<10 Ω 时，用数字和字母 R 表示，第1位数表示电阻值的个位数，R 表示小数点，R 右侧的数表示电阻值的小数值。② 当电阻值≥10 Ω 时，用3位数表示电阻值，其中前两位数是有效数字，第3位数是被乘的10次幂数。	
2E	0.25		
2H	0.5		
3A	1		
3D	2		

2.1.4 电阻器的检测

固定电阻器的常见故障分为开路、短路和变值3种。检测固定电阻器时,应使用万用表的欧姆挡。

在检测时,先识读出电阻器上的标称电阻值,然后选用合适的挡位并进行校零。测量时,为了减小测量误差,应尽量让万用表的表针指在电阻值刻度线中间区域。若表针在刻度线上过于偏左或偏右,应切换到更大或更小的挡位重新进行测量。

指针万用表的的调校

将万用表的两个表笔短接,转动"调零"旋钮,使表针指向电阻值刻度线的"0"位(满度)。

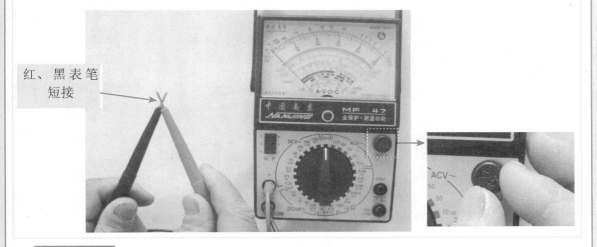

非在路测量

非在路测量是指焊下电阻器的一个引脚再进行测量,这种方法测得的结果较为准确。

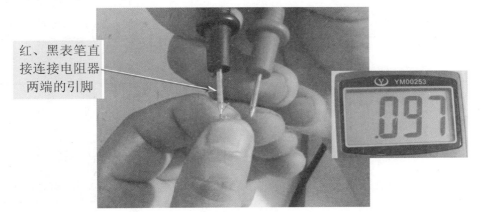

若测量出来的电阻值为∞,说明电阻器开路。
若测量出来的电阻值为0,说明电阻器短路。
若测量出来的电阻值大于或小于电阻器的标称电阻值,并超出误差允许范围,说明电阻器变值。

2.2 电位器

2.2.1 电位器的功能和特点

电位器是在一定范围内电阻值连续可变的一种电阻器,通常它是由电阻体与转动或滑动系统组成的。在家用电器和其他电子设备的电路中,电位器是常用的电子元件之一。在晶体管收音机、CD 唱机、VCD 机中,常用电位器电阻值的变化来控制音量的大小,有的兼作开关使用。

电阻材料代号

代号	H	S	N	I	X	J	Y	D	F
材料	合成碳膜	有机实心	无机实心	玻璃釉膜	线绕	金属膜	氧化膜	导电塑料	复合膜

类别代号

代号	类别	代号	类别	代号	类别
G	高电压类	Y	旋转预调类	X	旋转低功率类
H	组合类	J	单圈旋转精密类	Z	直滑式低功率类
B	片式类	D	多圈旋转精密类	P	旋转功率类
W	螺杆驱动预调类	M	直滑式精密类	T	特殊类

电位器的作用是分压、分流,或者作为变阻器来使用。由于电位器具有电阻值可调的特点,因此它可以随时调节电阻值来改变降压、限流和分流的程度。

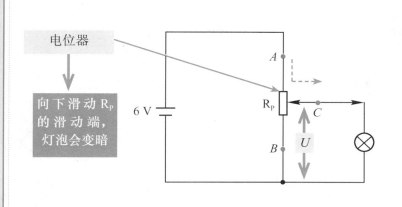

1	当滑动端下移时，AC 段的电阻体变长
2	R_{AC} 增大，对电流的阻碍作用变大
3	流经 AC 段的电流减小，从 C 端流向灯泡的电流也随之减少
4	由于 R_{AC} 增大，使 AC 段的电压降增大，加到灯泡上的电压 U 降低
5	在 AC 段电阻体变长的同时，CB 段电阻体变短
6	R_{CB} 减小，流经 AC 段的电流有一部分从 C 端流向灯泡
7	还有一部分经 CB 段电阻体直接流回电源的负极
8	由于 CB 段变短，分流增大，使 C 端输出流向灯泡的电流减小，灯泡变暗

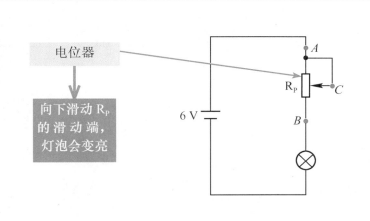

1	由于 AC 段电阻体被 A、C 端直接连接的导线短路
2	电流不流过 R_P 的 AC 段，而是直接由 A 端流到 C 端
3	经 CB 段电阻体流向灯泡
4	当滑动端下移时，CB 段的电阻体变短，R_{CB} 变小，对电流的阻碍作用变小，流过的电流增大，灯泡变亮

2.2.2 电位器的种类

按本体材料分类

可分为合金型电位器、薄膜型电位器和合成型电位器三大类。

 合金型电位器

 薄膜型电位器

 合成型电位器

> **按调节机构的运动方式分类**
>
> 可分为旋转式电位器和直滑式电位器两大类。
>
>  旋转式电位器    直滑式电位器

> **按结构分类**
>
> 可分为单联电位器、多联电位器、带开关电位器、不带开关电位器等。

> **按用途分类**
>
> 可分为精密电位器、普通电位器、功率电位器、微调电位器及专用电位器等。

2.2.3 电位器的检测

应使用万用表的欧姆挡检测电位器。检测时，先测量电位器两个固定端之间的电阻值，正常测量值应与标称电阻值一致；然后测量一个固定端与滑动端之间的电阻值，同时旋转转轴，正常测量值应在 0 至标称电阻值范围内变化。

> 电位器的检测分为两个步骤，只有每步测量均正常，才能说明电位器是正常的。

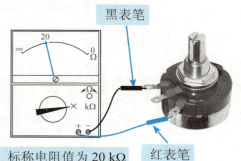

标称电阻值为 20 kΩ

若电位器正常，测得的电阻值应与电位器的标称电阻值相同或相近（在误差允许范围内）。

若测得的电阻值为 ∞，说明电位器的两个固定端之间开路；若测得的电阻值为 0，说明电位器的两个固定端之间短路；若测得的电阻值大于或小于标称电阻值（超出允许误差范围），说明电位器的两个固定端之间的电阻体变值。

标称电阻值为 20 kΩ

若电位器正常，表针会发生摆动，指示的电阻值应在 0～20 kΩ 范围内连续变化。

若测得的电阻值为 ∞，说明电位器的固定端与滑动端之间开路；若测得的电阻值为 0，说明电位器的固定端与滑动端之间短路；若测得的电阻值变化不连续、有跳变，说明电位器的滑动端与电阻体之间接触不良。

2.3 敏感电阻器

敏感电阻器是指其电阻值对某些物理量（如温度、电压等）表现敏感的电阻器，如热敏电阻、光敏电阻、磁敏电阻等。

2.3.1 热敏电阻

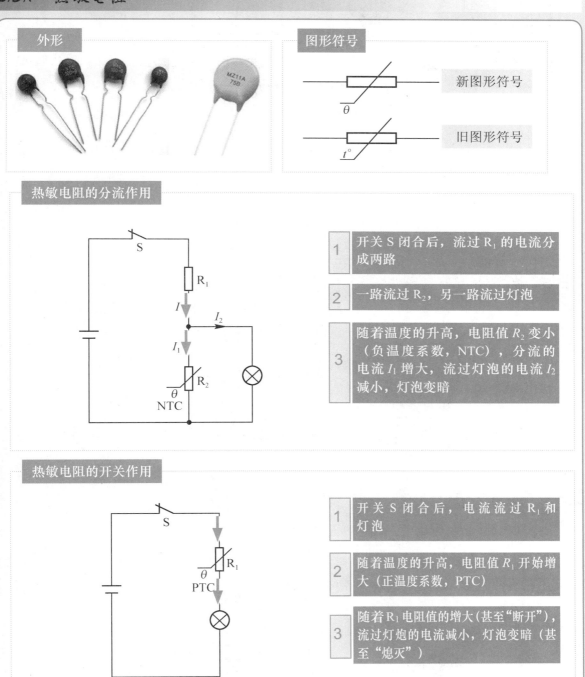

热敏电阻的检测分两步进行，只有两步检测均正常，才能说明该热敏电阻是正常的。通过这两步检测，也可以判断出热敏电阻的类型（NTC 或 PTC）。

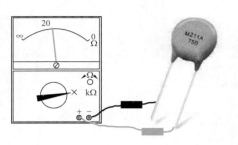 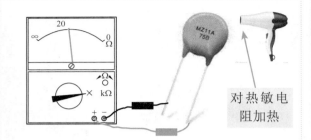

若热敏电阻正常，其电阻值与标称电阻值应一致或接近。

若电阻值为 0，说明热敏电阻短路；若电阻值为无穷大，说明热敏电阻开路；若电阻值与标称电阻值偏差过大，说明热敏电阻性能变差或损坏。

若热敏电阻正常，其电阻值与标称电阻值比较会有变化。

若电阻值往大于标称电阻值方向变化，说明该热敏电阻为 PTC 型热敏电阻；若电阻值往小于标称电阻值方向变化，说明该热敏电阻器为 NTC 型热敏电阻。

若电阻值不变化，说明热敏电阻已损坏。

2.3.2 光敏电阻

光敏电阻器是应用半导体光电效应原理制成的一种元件，其特点是对光线非常敏感。当无光线照射时，光敏电阻呈高电阻状态；当有光线照射时，电阻值迅速减小。

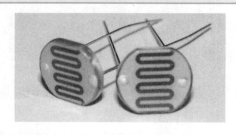 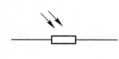 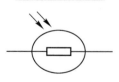

2.3.3 磁敏电阻

磁敏电阻器也称磁控电阻器，是一种对磁场敏感的半导体元件，它可以将磁感应信号转变为电信号。

 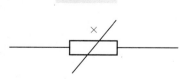

2.4 电容器

2.4.1 电容器的功能

电容器简称电容。顾名思义,电容器就是"储存电荷的容器"。由此可知,电容器具有储存电荷的能力。

图形符号

电容器的作用主要是充电/放电和隔直/通交。

电容器的充电作用

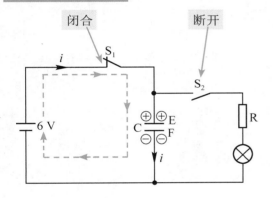

1 开关 S_1 闭合后,电源向电容器充电

2 在电容器的极板上存储了大量的上正、下负的电荷

3 电容器获得大量电荷的过程称为电容器的"充电"过程

电容器的放电作用

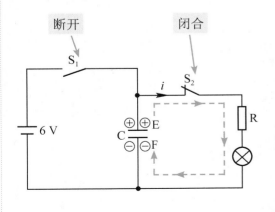

1 闭合开关 S_1,让电源对电容器 C 充电

2 断开开关 S_1,再闭合开关 S_2

3 电容器向负载放电

4 大量的电荷移动形成电流,该电流流经灯泡,使灯泡发光;随着时间的推移,电流逐渐减小,直至灯泡熄灭

电容器的隔直作用

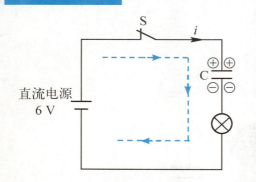

1. 开关 S 闭合后，直流电源开始对电容器充电，有电流流过灯泡，灯泡发光

2. 随着电源对电容器持续充电，电容器两个极板上的电荷越来越多，两端电压越来越高，电流越来越小，灯泡越来越暗

3. 当电源不能再对电容器充电时，电流为零，无电流流过灯泡，灯泡熄灭。

上述过程说明：刚开始充电时，直流可以对电容器充电而"通过"电容器，但该过程持续时间较短，充电结束后，直流就无法"通过"电容器，这就是电容器的"隔直"作用。

电容器的通交作用

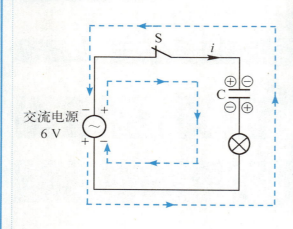

1. 开关 S 闭合后，当交流电源的极性是上正、下负时，交流电源向电容器充电（上正、下负）

2. 当交流电源的极性变为上负下正时，交流电源对电容反充电（上负下正）

3. 两次充电的电荷极性相反，它们相互中和抵消，使电容器上的电荷消失。因此对交流电而言，电容器无法起到"隔断"电流的效果。

电容器对交流有阻碍作用

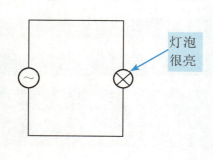

虽然电容器能通过交流电，但仍有一定的阻碍作用，这种阻碍作用称为容抗，用"X_C"表示，容抗的单位是欧姆（Ω）。

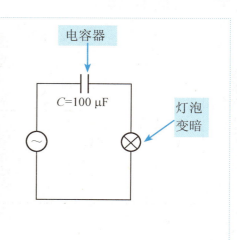

2.4.2 电容器的主要参数

电容器的主要参数有电容量和耐压。

电容量

电容器储存电荷的能力称为电容量（简称容量），其基本单位是法拉，简称法（F）。由于法拉作为单位在实际运用中往往显得太大，所以常用微法（μF）、纳法（nF）和皮法（pF）作为电容量的单位。它们之间的换算关系为

$$1\ F = 10^6\ \mu F \qquad 1\ \mu F = 1000\ nF \qquad 1\ nF = 1000\ pF$$

电容量直标法：

电容为 33 μF

耐压值为 450 V

电容量数码表示法：

有效数字　倍乘数

103 表示 10×10^3 pF = 0.01 μF

倍乘数的标志数字所代表的含义见下表：

标志数字	倍乘数	标志数字	倍乘数
0	$\times 10^0$	5	$\times 10^5$
1	$\times 10^1$	6	$\times 10^6$
2	$\times 10^2$	7	$\times 10^7$
3	$\times 10^3$	8	$\times 10^8$
4	$\times 10^4$	9	$\times 10^{-1}$

耐压

耐压是电容器的另一个主要参数，它表示电容器在连续工作状态下所能承受的最高电压。

电路图中对电容器耐压的要求一般直接用数字标注，不作标注的可根据电路的电源电压选用电容器。在实际使用中，应保证加在电容器两端的电压不超过其耐压值，否则将会损坏电容器。

其他参数

除了电容量和耐压，电容器还有其他参数指标。但在实际使用中，一般仅考虑电容量和耐压，只是在有特殊要求的电路中，才考虑容量误差、高频损耗等参数。

在电路图中，可以仅标注最大容量，如"360 p"；也可以同时标注出最小容量和最大容量，如"6/170 p""1.5/10 p"等。

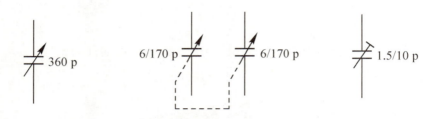

2.4.3 电容器的命名及标注方法

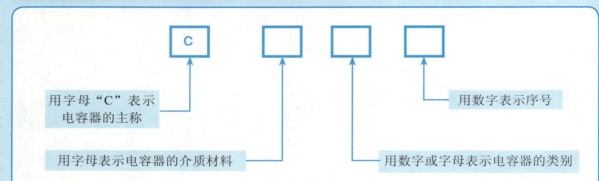

电容器介质材料代号含义对照表

字母代号	介质材料	字母代号	介质材料
A	钽电解	L	聚酯
B	聚苯乙烯	N	铌电解
C	高频陶瓷	O	玻璃膜
D	铝电解	Q	漆膜
E	其他材料电解	T	低频陶瓷
G	合金电解	V	云母纸
H	纸膜复合	Y	云母
I	玻璃釉	Z	纸介
J	金属化纸介		

电容器类别代号含义对照表

代 号	瓷介电容	云母电容	有机电容	电解电容
1	圆形	非密封	非密封	箔式
2	管形	非密封	非密封	箔式
3	叠片	密封	密封	非固体
4	独石	密封	密封	固体
5	穿心	—	穿心	—
6	支柱等	—	—	—
7	—	—	—	无极性
8	高压	高压	高压	
9	—	—	特殊	特殊
G	高功率型			
J	金属化型			
Y	高压型			
W	微调型			

2.4.4 电容器的分类

按电容量是否可调，电容器分为固定电容器和可变电容器两大类。

固定电容器

固定电容器包括无极性电容器和有极性电容器。按介质材料不同，固定电容器又可以分为许多种类。

可变电容器

广义的可变电容器通常包括可变电容器和微调电容器（半可变电容器）两大类。

2.4.5 电容器的检测

电容器的好坏可用模拟式万用表的电阻挡进行检测。

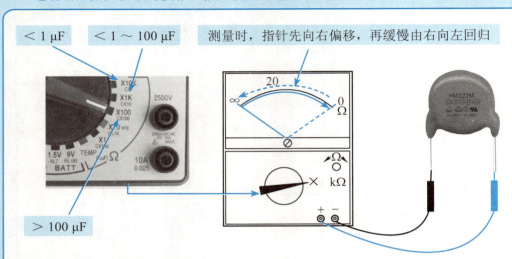

如果万用表表针不动,说明该电容器已断路损坏。

如果表针向右偏转后不向左回归,说明该电容器已短路损坏。

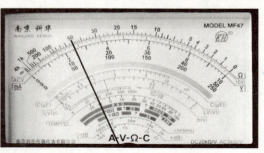

如果表针向右偏转,然后向左回归稳定后,电阻值指示小于 500 kΩ,说明该电容器绝缘电阻太小,漏电流较大,也不宜使用。

数字式万用表因为专门设置了电容挡，所以检测起来更为方便（尤其是电容量较小时）。

利用数字式万用表检测电容器

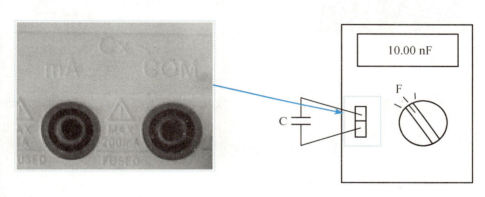

将被测电容器插入数字式万用表上的"CX"插孔，LCD即可显示出被测电容器C的容量。如果显示"000"（短路），或者仅最高位显示"1"（断路），或者显示值与电容器上标注值相差很大，则说明该电容器已损坏。

可变电容器的检测

可变电容器可用万用表的电阻挡进行检测，主要检测它是否有短路现象。

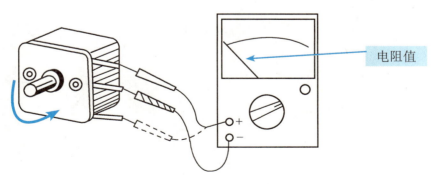

电阻值

如果旋转到某处指针摆动，说明可变电容器有短路现象，不能使用。对于双联可变电容器，应对每一联分别进行检测。

2.5 电感器

2.5.1 电感器的功能

将导线在绝缘支架上绕制一定的匝数（圈数）就构成了电感器，它是储存磁能的元件，是常用的基本电子元件之一。

电感器外形

电感器图形符号

空心电感器	磁心/铁心电感器	可变电感器	磁心可变电感器	抽头电感器	间歇电感器

电感器主要有"通直阻交"和"阻碍变化的电流"的性质。

通直阻交

电感器的"通直阻交"是指电感器对通过的直流信号阻碍很小，直流信号可以很容易通过电感器，而交流信号通过时会受到很大的阻碍。

电感器对通过的交流信号有较大的阻碍作用，这种阻碍作用称为感抗，用"X_L"表示，感抗的单位是欧姆（Ω）。可用下式计算：

$$X_L = 2\pi f L$$

f 为交流信号的频率，单位为 Hz

L 为电感器的电感量，单位为 H

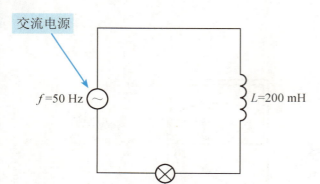

上图中，交流信号的频率为 50 Hz，电感器的电感量为 200 mH，那么电感器对交流信号的感抗为

$$X_L = 2\pi f L \approx 2 \times 3.14 \times 50 \times 200 \times 10^{-3} = 62.8 \,(\Omega)$$

阻碍变化电流

当变化的电流流过电感器时，电感器会产生自感电动势来阻碍变化的电流流过。

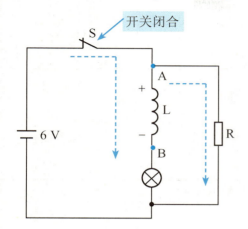

1. 在开关闭合瞬间，电感器立即产生自感电动势来阻碍电流流过

2. 随着电感器阻碍作用的逐渐减弱，流过电感器和灯泡的电流逐渐增大，因此灯泡逐渐变亮

3. 当电感器上的自感电动势完全消失时，灯泡亮度也就不变了

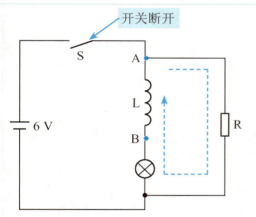

1. 当开关 S 断开时，电感器释放储能，维持灯泡的点亮

2. 随着电感器上储能的逐渐消失，流过灯泡的电流逐渐减小，灯泡也就逐渐变暗，直至熄灭

由此可知，只要流过电感器的电流发生变化（不管是增大还是减小），电感器都会产生自感电动势，且自感电动势的方向总是阻碍电流的变化。

2.5.2 电感器的主要参数

电感器的主要参数是电感量和额定电流。

电感量

电感量的基本单位是亨利，简称亨，用字母"H"表示。在实际应用中，一般常用毫亨（mH）或微亨（μH）作为单位。

$$1\ H = 1000\ mH \qquad 1\ mH = 1000\ \mu H$$

额定电流

额定电流是指电感器在正常工作时，所允许通过的最大电流。额定电流一般以字母来表示，并直接印刷在电感器上，字母含义如下所示：

字母代号	额定电流	字母代号	额定电流
A	50 mA	D	700 mA
B	150 mA	E	1.6 A
C	300 mA		

其他参数

电感器还有品质因数（Q 值）、分布电容等参数，在对这些参数有要求的电路中，选用电感器时必须予以考虑。部分国产固定电感器的型号和参数见下表。

型号	电感量/μH	额定电流/mA	Q 值
LG400 LG402 LG404 LG406	1~82000	50~150	
LG408 LG410 LG412 LG414	1~5600	50~250	30~60
LG1	0.1~22000	A	40~80
	0.1~10000	B	40~80
	0.1~1000	C	45~80
	0.1~560	D、E	40~80
LG2	1~22000	A	7~46
	1~10000	B	3~34
	1~1000	C	13~24
	1~560	D	10~12
	1~560	E	6~12
LF12DR01	39±10%	600	
LF10DR01	150±10%	800	
LF8DR01	6.12~7.48		>60

使用中，电感器的实际工作电流必须小于额定电流，否则电感线圈将会严重发热甚至烧毁。

2.5.3 电感器的命名和标注方法

电感器的标注方法主要有直标法和色标法两种。

直标法

采用直标法标注时,一般会在电感器外壳上标注电感量、误差和额定电流值。

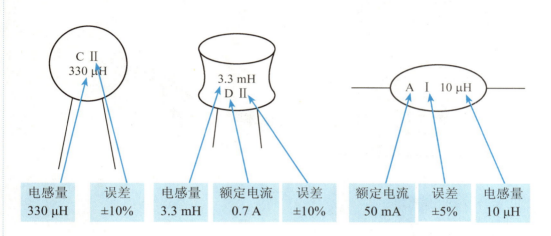

在标注电感量时,通常会将电感量值及单位直接标出。在标注误差时,分别用Ⅰ、Ⅱ、Ⅲ表示±5%、±10%、±20%。在标注额定电流时,分别用A、B、C、D、E表示50 mA、150 mA、300 mA、0.7 A和1.6 A。

色标法

色标法是将色点或色环标注在电感器上来表示电感量和误差的方法。色码电感器采用色标法标注,其电感量和误差标注方法与色环电阻器的相同,但其单位为mH。

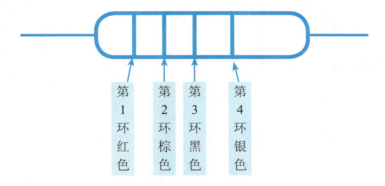

色码电感器的各种颜色含义及代表的数值与色环电阻器的相同,可参见电阻器的色标含义。色码电感器颜色的排列顺序也与色环电阻器的相同。色码电感器与色环电阻器识读的不同仅在于单位,色码电感器的单位为mH。上图所示的色码电感器上标注"红棕黑银"表示电感量为21 mH,误差为±10%。

2.5.4 电感器的检测

电感器的电阻值应接近 0Ω

如果表针不动,说明该电感器内部断路;如果表针指示不稳定,说明电感器内部接触不良。

对于电感量较大的电感器,由于其线圈匝数相对较多,其直流电阻值相对较大,则万用表指示应有一定的电阻值

用电感挡测量电感

有些万用表具有测量电感的功能,如 MF47 型万用表,测量范围为 20 ~ 1000 H。其测量电路如右图所示。

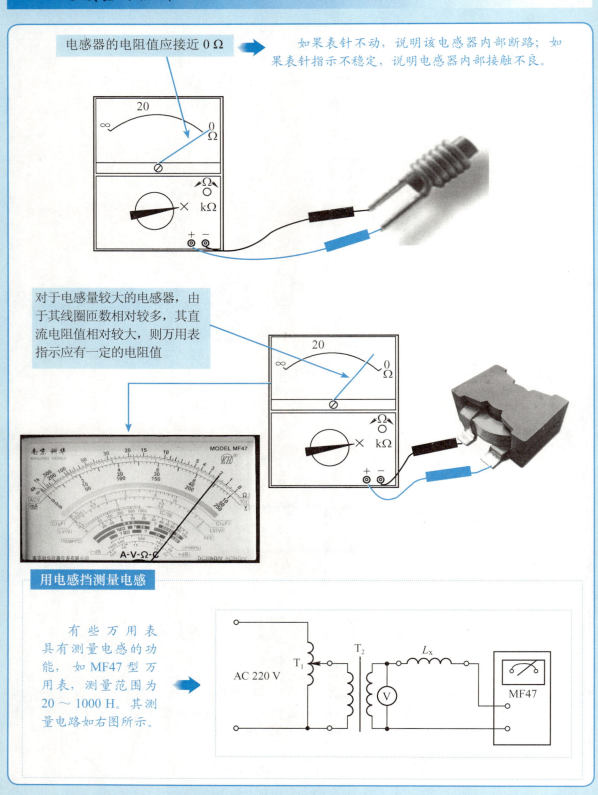

2.6 变压器

2.6.1 变压器的功能

变压器是变换电压、电流和阻抗的元件，主要由铁心或磁心和线圈两部分组成，它是一种常用元器件，其种类繁多，大小、形状也是千差万别。

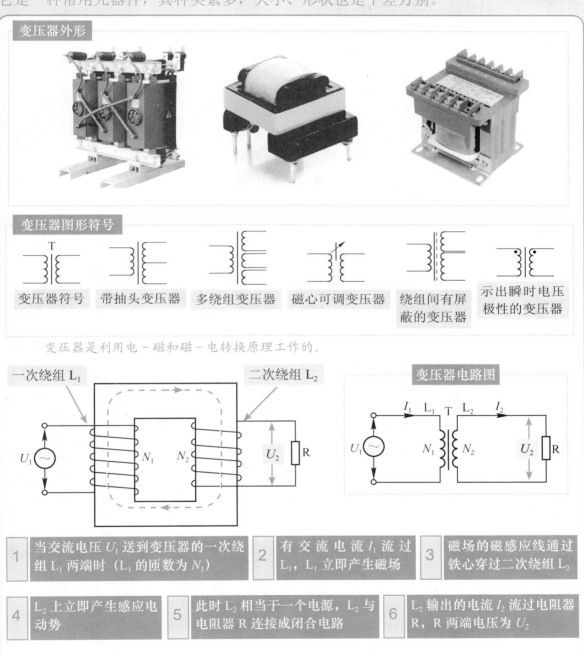

2.6.2 变压器的主要参数

变压器的主要参数有工作频率、额定功率、额定电压、电压比 n、空载电流、空载损耗和效率等。

工作频率

变压器铁心损耗与频率之间的关系很密切,因此应根据使用频率来设计和使用变压器。这种频率称为工作频率。

额定功率

在规定的频率和电压下,变压器能长期工作而不超过规定温升的输出功率称为额定功率。由于变压器的负载不一定是电阻性的,因此也常用伏·安(V·A)来表示变压器的额定功率。

空载损耗

当变压器二次侧开路时,在一次侧测得的功率称为空载损耗。它的主要组成是铁心损耗(简称"铁损"),其次是空载电流在一次绕组上产生的损耗,也称铜损(这部分损耗很小)。

铜损 ➡ 变压器的绕组是用漆包线绕制的。由于导体存在着电阻,电流通过时就会因发热而损耗一部分电能。

铁损 ➡ 包括磁滞损失和涡流损失。

效率

在额定负载条件下,变压器的输出功率 P_2 与其输入功率 P_1 之比,称为变压器的效率 η。

$$\eta = \frac{P_2}{P_1} \times 100\% = \frac{P_2}{P_2 + P_{铜损} + P_{铁损}} \times 100\%$$

变压器的效率与变压器的功率等级有密切关系。功率越大,效率越高。它们之间的关系见下表。

额定功率/W	<10	10~30	30~50	50~100	100~200	>200
效率/%	60~70	70~80	80~85	85~90	90~95	>95

额定电压

在变压器的绕组上所允许施加的电压称为额定电压。

空载电流

当变压器二次侧开路时,一次侧仍有一定的电流,这部分电流称为空载电流。

电压比

变压器二次电压与一次电压的比值称为电压比 n。中、小功率的电源变压器的负载电压比低于空载电压比约百分之几到百分之十几。

2.6.3 变压器的检测

变压器可以用万用表进行基本检测。

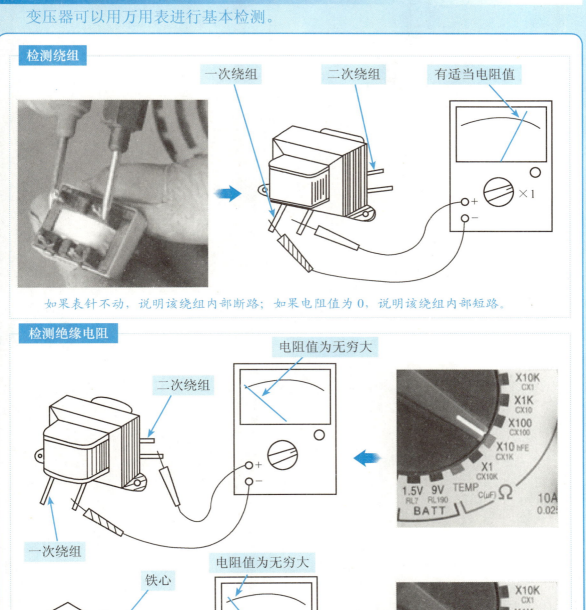

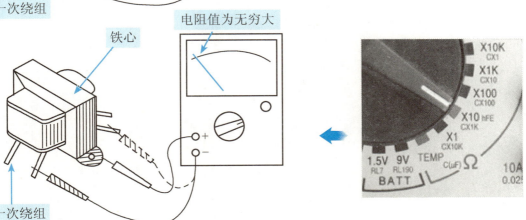

第 3 章

常用半导体器件

3.1 pn 结

3.2 半导体二极管

3.3 晶体三极管

3.4 场效应管

3.5 晶闸管

3.6 集成电路

3.1 pn 结

3.1.1 pn 结的作用

如果将一个本征半导体的两边掺入不同的元素，使一边为 p 型，另一边为 n 型，则在两部分的接触面就会形成一个特殊的薄层，称为 pn 结。

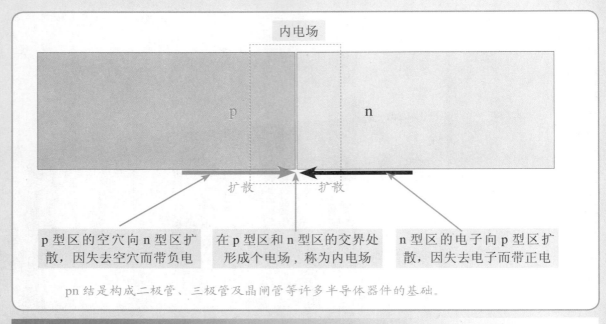

pn 结是构成二极管、三极管及晶闸管等许多半导体器件的基础。

3.1.2 pn 结的工作原理

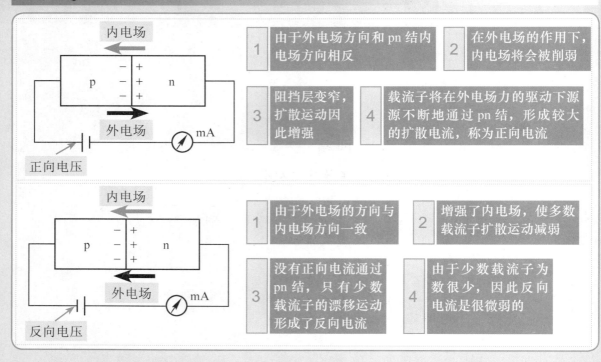

3.2 半导体二极管

3.2.1 半导体二极管的种类和特点

晶体二极管也称半导体二极管，简称二极管，是半导体器件中最基本的一种器件。几乎在所有的电子电路中都要用到晶体二极管，它在许多电路中起着重要的作用。它是诞生最早的半导体器件之一。

晶体二极管的种类很多，形状大小各异，仅从外观上看，较常见的有玻壳二极管、塑封二极管、金属壳二极管、大功率螺栓状金属壳二极管、微型二极管、片状二极管等。

玻壳二极管

塑封二极管

金属壳二极管

单向导电特性

由 pn 结的工作原理可知，晶体二极管的特点是具有单向导电特性。一般情况下，仅允许电流从正极流向负极，而不允许电流从负极流向正极。

非线性特性

电流正向通过二极管时，会在 pn 结上产生管压降 U_{VD}。锗二极管的正向管压降约为 0.3 V。

硅二极管的正向管压降约为 0.7 V，另外，硅二极管的反向漏电流比锗二极管小得多。

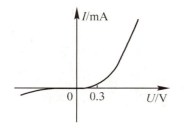

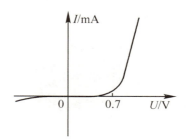

3.2.2 二极管的命名规则

国产晶体二极管的型号命名由 5 部分组成，如下图所示：

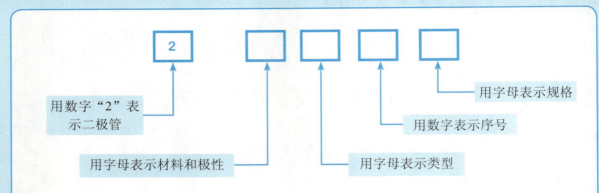

晶体二极管型号含义对照表

第1部分	第2部分	第3部分	第4部分	第5部分
2	A：n型锗材料 B：p型锗材料 C：n型硅材料 D：p型硅材料 E：化合物	P：普通管 Z：整流管 K：开关管 W：稳压管 L：整流堆 C：变容管 S：隧道管 V：微波管 N：阻尼管 U：光电管	序号	规格（可缺）

例如，2AP9 表示 n 型锗材料普通二极管；2CZ55A 表示 n 型硅材料整流二极管；2CK71B 表示 n 型硅材料开关二极管。

二极管极性标注方法如下图所示：

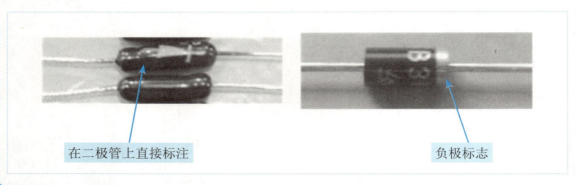

3.2.3 二极管的主要参数

晶体二极管的参数很多，常用的检波、整流二极管的主要参数有最大整流电流 I_{FM}、最大反向电压 U_{RM} 和最高工作频率 f_M。

最大整流电流

最大整流电流 I_{FM} 是指二极管长期连续工作时，允许正向通过 pn 结的最大平均电流。在使用中，实际工作电流应小于二极管的 I_{FM}，否则将损坏二极管。

最大反向电压

最大反向电压 U_{RM} 是指反向加在二极管两端而不至于引起 pn 结被击穿的最大电压。在使用中，应选用 U_{RM} 大于实际工作电压 2 倍的二极管。如果实际工作电压的峰值超过 U_{RM}，二极管将被击穿。

最高工作频率

由于受 pn 结极间电容的影响，使二极管所能应用的工作频率有一个上限。f_M 是指二极管能正常工作的最高频率。在作检波或高频整流使用时，应选用 f_M 至少 2 倍于电路实际工作频率的二极管，否则不能正常工作。

>> 特殊提示

受制造工艺所限，半导体器件的参数具有分散性，同一型号器件的参数值可能会有相当大的差距，因而器件数据手册上往往给出的是参数的上限值、下限值或范围。在实际使用时，应特别注意器件数据手册上每个参数的测试条件。

3.2.4 二极管的检测

晶体二极管可用万用表进行引脚识别和检测。

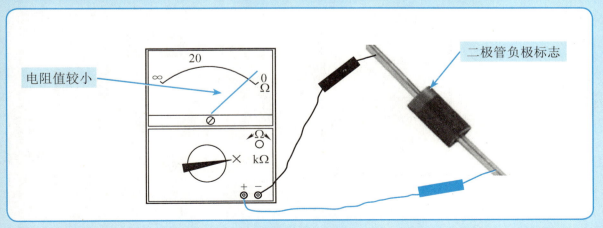

如果测得的电阻值很大，则为二极管的反向电阻。这时与黑表笔相连接的是二极管负极，与红表笔相连接的是二极管正极。

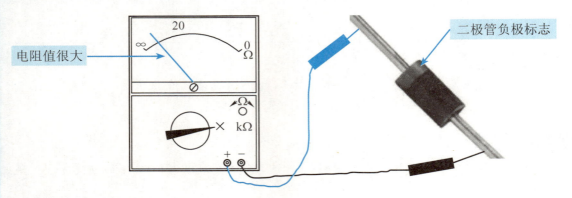

检测二极管好坏

正常二极管的正、反向电阻值应该相差很大，且反向电阻值接近于无穷大。

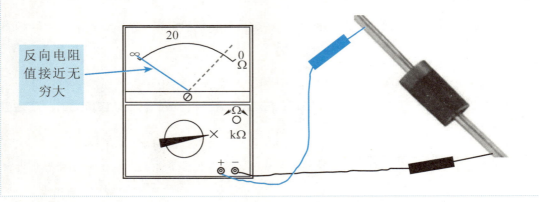

区分锗管与硅管

由于锗二极管和硅二极管的正向管压降不同，因此可以用测量二极管正向电阻的方法来区分。

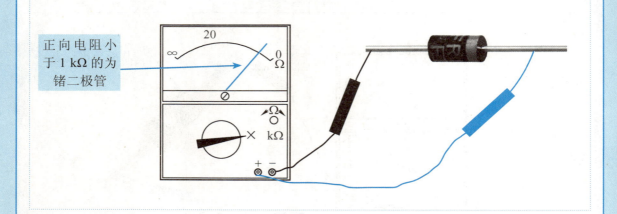

区分锗管与硅管

通常，锗二极管的正向电阻小于 1 kΩ，而硅二极管的正向电阻约为 5 kΩ。

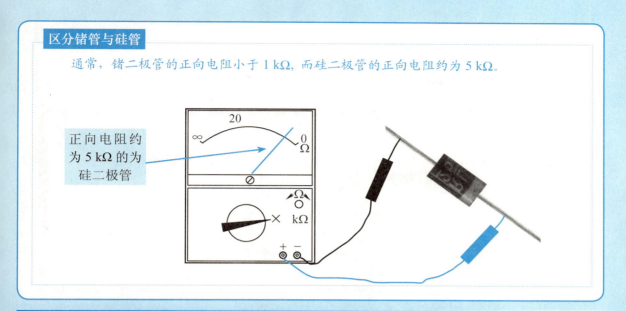

正向电阻约为 5 kΩ 的为硅二极管

3.2.5 稳压二极管

稳压二极管（又称齐纳二极管）是一种特殊的具有稳压功能的二极管，它也是具有一个 pn 结的半导体器件；与普通二极管不同的是，稳压二极管工作于反向击穿状态。

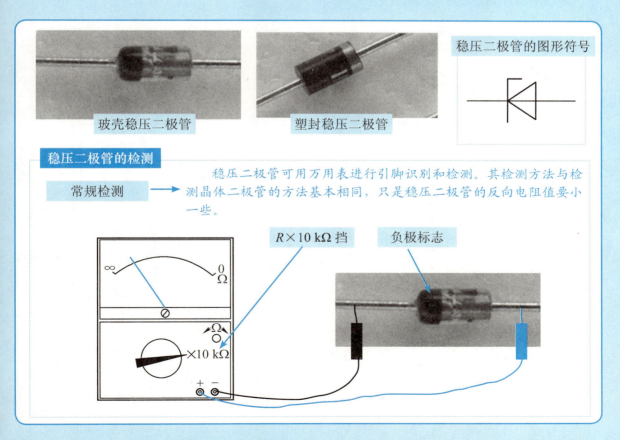

玻壳稳压二极管　　塑封稳压二极管　　稳压二极管的图形符号

稳压二极管的检测

常规检测 → 稳压二极管可用万用表进行引脚识别和检测。其检测方法与检测晶体二极管的方法基本相同，只是稳压二极管的反向电阻值要小一些。

$R\times 10\ k\Omega$ 挡　　负极标志

稳压二极管的检测

因为 MF47 万用表内 $R \times 10\ k\Omega$ 挡所用电池输出电压为 15 V,所以读数时刻度线最左端为 15 V,最右端为 0。例如,测量时表针指在左侧 1/3 处,则其读数为 10 V:

可利用万用表原有的 50 V 挡刻度来读数,并代入以下公式求出稳压值 U_Z:

$$U_Z = \frac{50-x}{50} \times 15\ V$$

x 为 50 V 挡刻度线上的读数

如果所用万用表的 $R \times 10\ k\Omega$ 挡电池输出电压不是 15 V,则将上式中的"15 V"改为自己所用万用表内高压电池的电压值即可。

对于稳压值 $U_Z \geq 15\ V$ 的稳压二极管,可接入模拟工作电路进行测量。

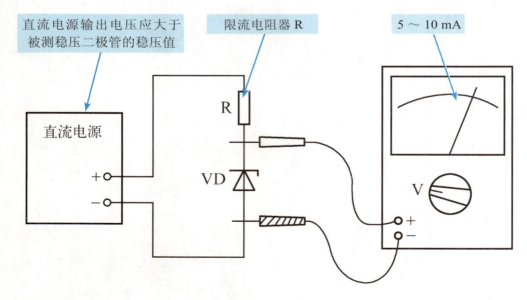

直流电源输出电压应大于被测稳压二极管的稳压值,适当选取限流电阻器 R 的电阻值,使稳压二极管反向工作电流为 5～10 mA,用万用表直流电压挡即可直接测量出稳压二极管的稳压值。

3.2.6 双基极二极管

双基极二极管(又称为单结晶体管)是一种具有一个 pn 结和两个欧姆电极的负阻半导体器件,它共有 3 个引脚,分别是发射极 E、第 1 基极 B_1 和第 2 基极 B_2。

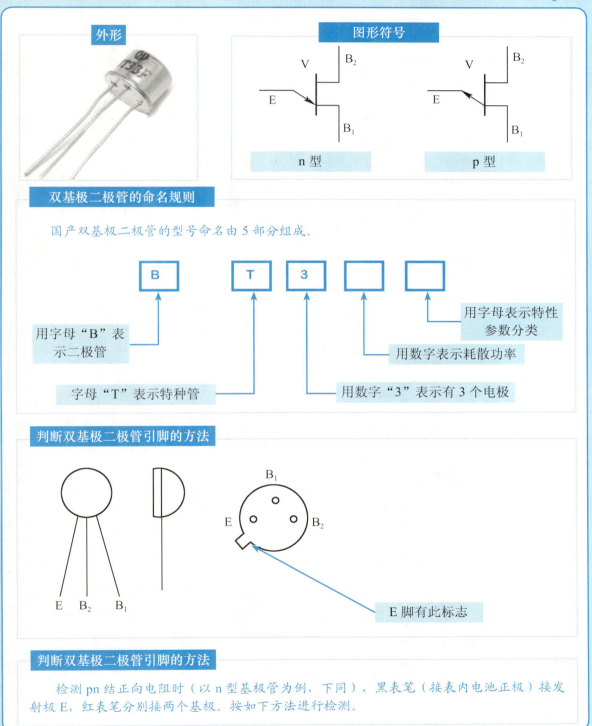

检测双基极二极管正向电阻

万用表置于 $R \times 1\ k\Omega$ 挡，两个表笔（不分正、负）接双基极二极管除发射极 E 外的两个引脚。

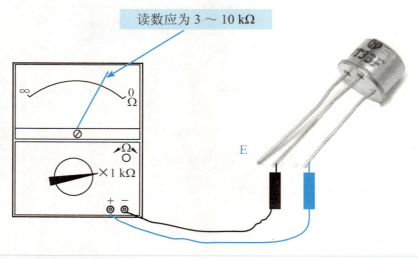

读数应为 $3 \sim 10\ k\Omega$

检测双基极二极管反向电阻

检测 pn 结反向电阻时，红表笔接发射极 E，黑表笔分别接两个基极。

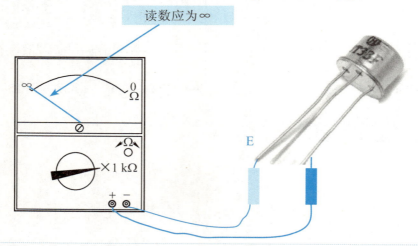

读数应为 ∞

测量双基极二极管的分压比

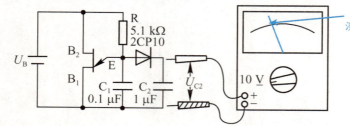

将用万用表"直流 10 V"挡测出 C_2 上的电压 U_{C2} 代入公式：

$$\eta = \frac{U_{C2}}{U_B}$$

3.3 晶体三极管

3.3.1 晶体三极管的结构及类型

晶体三极管也称为半导体三极管，简称三极管，是一种具有两个 pn 结的半导体器件。

外形

常见晶体三极管外形

图形符号

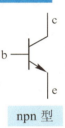

npn 型

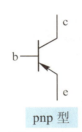

pnp 型

晶体三极管的文字符号为"VT"。晶体三极管在电子技术中扮演着重要的角色，利用它可以放大微弱的电信号；它可以作为无触点开关元件；利用它可以产生各种频率的电振荡；它可以代替可变电阻，晶体三极管还是集成电路中的核心器件。

三极管的分类

根据半导体材料不同 分为锗管、硅管和化合物管。

根据导电极性不同 分为 npn 型和 pnp 型两大类。

根据截止频率不同 分为超高频管、高频管（≥3 MHz）和低频管（<3 MHz）。

根据耗散功率不同 可分为小功率管（<1 W）和大功率管（≥1 W）。

根据用途不同 分为低频放大管、高频放大管、开关管、低噪声管、高反压管、复合管等。

三极管的分类

三极管的特点是具有电流放大作用，即可以用较小的基极电流控制较大的集电极（或发射极）电流，集电极电流是基极电流的 β 倍。

3.3.2 三极管的命名规则

国产晶体三极管的型号命名由 5 部分组成，如下图所示：

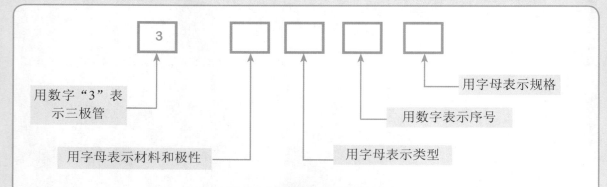

晶体三极管的型号含义对照表

第1部分	第2部分	第3部分	第4部分	第5部分
3	A：pnp型锗材料 B：npn型锗材料 C：pnp型硅材料 D：npn型硅材料 E：化合物材料	X：低频小功率管 G：高频小功率管 D：低频大功率管 A：高频大功率管 K：开关管 T：闸流管 J：结型场效应管 O：MOS场效应管 U：光电管	序号	规格（可缺）

3.3.3 三极管的主要参数

三极管的参数很多，分为直流参数、交流参数和极限参数 3 类，但一般使用时只须关注电流放大系数 β 和 h_{FE}、特征频率 f_T、集电极－发射极击穿电压 BU_{CEO}、集电极最大电流 I_{CM} 和集电极最大功耗 P_{CM} 等。

电流放大系数

电流放大系数（又称电流放大倍数）β 和 h_{FE} 是三极管的主要电参数。

电流放大系数

（1）β 是三极管的交流电流放大系数，是指集电极电流 I_C 的变化量与基极电流 I_B 的变化量之比，它反映了三极管对交流信号的放大能力。

（2）h_{FE} 是三极管的直流电流放大系数（也可用 $\bar{\beta}$ 表示），是指集电极电流 I_C 与基极电流 I_B 的比值，它反映了三极管对直流信号的放大能力。

下图是 3DG6 管的输出特性曲线，当 I_B 从 40 μA 上升到 60 μA 时，相应的 I_C 从 6 μA 上升到 9 μA，其电流放大系数为

$$\beta = \frac{(9-6) \times 10^3}{60-40} = 150$$

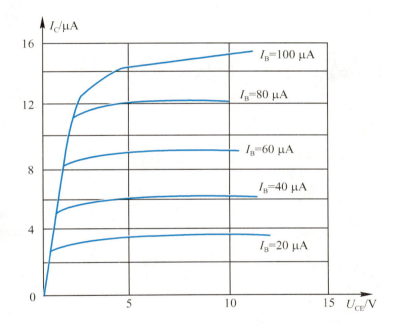

特征频率

三极管的交流电流放大系数 β 与工作频率有关，当工作频率超过一定值时，β 值开始下降。当 β 值下降为 1 时，所对应的频率即为特征频率 f_T。

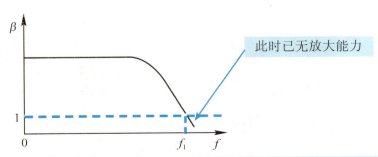

集电极-发射极击穿电压

集电极-发射极击穿电压 BU_{CEO} 是三极管的一项极限参数。BU_{CEO} 是指基极开路时，所允许加在集电极与发射极之间的最大电压。一旦工作电压超过 BU_{CEO}，三极管有可能被击穿。

集电极最大电流

集电极最大电流 I_{CM} 也是三极管的一项极限参数。I_{CM} 是指三极管正常工作时，集电极所允许通过的最大电流。三极管的工作电流不应超过 I_{CM}。

集电极最大功耗

集电极最大功耗 P_{CM} 是三极管的一项极限参数。P_{CM} 是指三极管性能不变坏时所允许的最大集电极耗散功率。使用时，三极管实际功耗应小于 P_{CM}，并留有一定裕量，以防烧管。

3.3.4 三极管的检测

引脚识别与检测

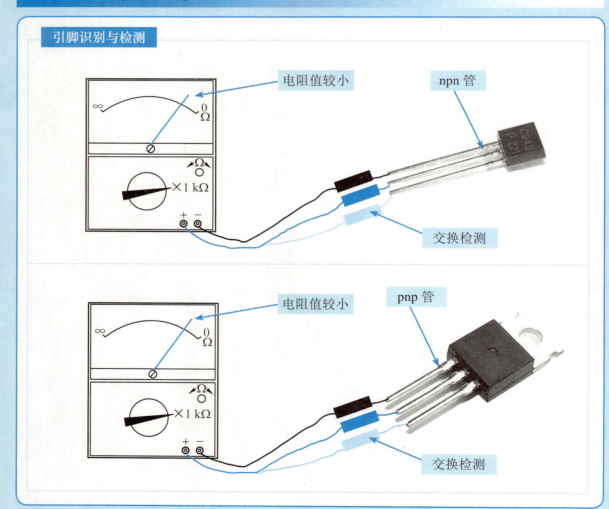

测量三极管的放大倍数

基极 b 确定后，即可识别集电极 c 和发射极 e，并测量三极管的电流放大系数 β。使用 MF47 型万用表上的检测口检测如下所示：

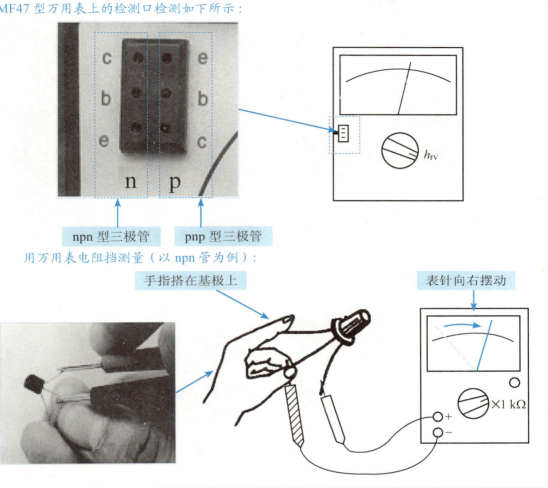

npn 型三极管　　pnp 型三极管

用万用表电阻挡测量（以 npn 管为例）：

手指搭在基极上

表针向右摆动

区分锗管与硅管

由于锗材料三极管的 pn 结压降约为 0.3 V，而硅材料三极管的 pn 结压降约为 0.7 V，所以可通过测量 b-e 结正向电阻的方法来区分锗管和硅管。

如果测得的电阻值小于 1 kΩ，则被测管是锗管；如果测得的电阻值为 5～10 kΩ，则被测管是硅管

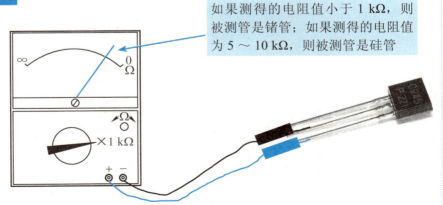

3.4 场效应管

3.4.1 场效应管的种类和特点

场效应晶体管（简称场效应管）是一种利用电场效应来控制电流的三极管。由于参与导电的只有一种极性的载流子，因此场效应管也称为单极性三极管。

场效应管的外形

场效应管的图形符号

结型 n 沟道

结型 p 沟道

MOS 耗尽型 单栅 n 沟道

MOS 耗尽型 单栅 p 沟道

MOS 增强型 单栅 n 沟道

MOS 增强型 单栅 p 沟道

MOS 耗尽型 双栅 n 沟道

MOS 耗尽型 双栅 p 沟道

场效应管的分类

按结构的不同分类 可分为结型场效应管和绝缘栅型场效应管两种。

按导电沟道材料的不同分类 可分为 n 沟道结型场效应管、p 沟道结型场效应管、n 沟道绝缘栅型场效应管和 p 沟道绝缘栅型场效应管。

场效应管的分类

| 按绝缘层材料的不同分类 | 绝缘栅型场效应管可分为 MOS 场效应管、MNS 场效应管和 MALS 场效应管等多种。 |

| 按工作方式的不同分类 | 可分为 n 沟道耗尽型结型场效应管、p 沟道耗尽型结型场效应管、n 沟道耗尽型绝缘栅型场效应管、p 沟道耗尽型绝缘栅型场效应管、n 沟道增强型绝缘栅型场效应管、p 沟道增强型绝缘栅型场效应管。 |

场效应管的特点

场效应管的特点是由栅极电压 U_G 控制其漏极电流 I_D。与普通双极晶体管相比较,场效应管具有输入阻抗高、噪声低、动态范围大、功耗小、易于集成等特点。

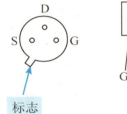  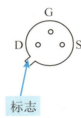 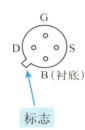 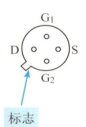

3.4.2 场效应管的性能参数

场效应管的参数很多,包括直流参数、交流参数和极限参数,但一般使用时仅须关注以下主要参数:饱和漏源电流 I_{DSS}、夹断电压 U_P(结型管和耗尽型绝缘栅管)或开启电压 U_T(增强型绝缘栅管)、跨导 g_m、漏源击穿电压 BU_{DS}、最大耗散功率 P_{DSM} 和最大漏源电流 I_{DSM}。

饱和漏源电流

饱和漏源电流 I_{DSS} 是指结型或耗尽型绝缘栅场效应管中栅极电压 $U_{GS}=0$ 时的漏源电流。

跨导

跨导 g_m 表示栅源电压 U_{GS} 对漏极电流 I_D 的控制能力,即漏极电流 I_D 变化量与栅源电压 U_{GS} 变化量的比值。g_m 是衡量场效应管放大能力的重要参数。

漏源击穿电压

漏源击穿电压 BU_{DS} 是指当栅源电压 U_{GS} 一定时,场效应管正常工作所能承受的最大漏源电压。这是一项极限参数,使用时加在场效应管上的工作电压必须小于 BU_{DS}。

夹断电压

夹断电压 U_P 是指结型或耗尽型绝缘栅场效应管中，使漏源间刚刚截止时的栅极电压。

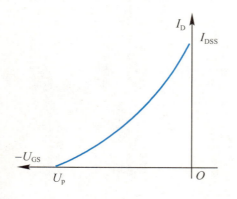
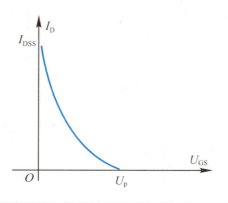

开启电压

开启电压 U_T 是指增强型绝缘栅场效应管中，使漏源间刚刚导通时的栅极电压。

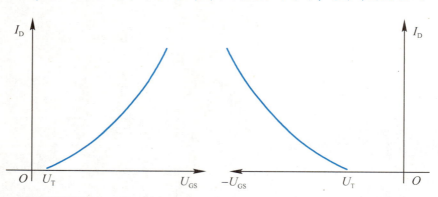

3.4.3 场效应管的检测

引脚识别与检测

当某两个引脚间的正、反向电阻值相等，均为数千欧时，则这两个引脚为漏极 D 和源极 S（可互换），余下的一个引脚即为栅极 G。

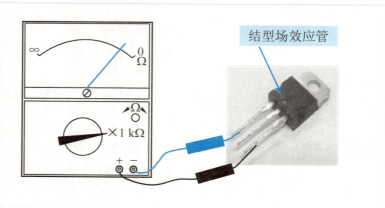

区分n沟道和p沟道场效应管

如果测得两个电阻值均很小，则为p沟道场效应管。如果测量结果不符合上述两种情况，则说明该场效应管已损坏或性能不良。

- n沟道电阻值大
- p沟道电阻值小

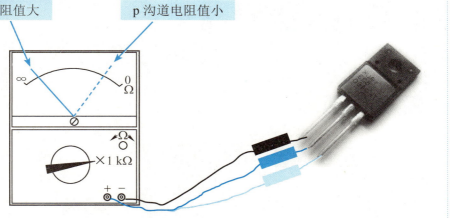

估测场效应管的放大能力

表针摆动幅度越大，说明场效应管的放大能力越大。如果表针不动，说明该管已损坏。

表针左右摆动

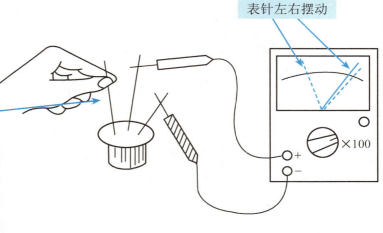

估测绝缘栅场效应管（MOS管）的放大能力

表针摆动幅度越大，说明场效应管的放大能力越大。如果表针不动，说明该管已损坏。

表针左右摆动

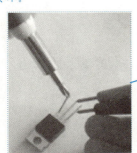
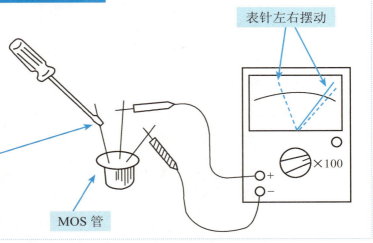

MOS管

3.5 晶闸管

3.5.1 晶闸管的种类和特点

晶闸管是晶体闸流管的简称，俗称可控硅，是一种"以小控大"的电流型器件。它像闸门一样，能够控制大电流的流通，因此得名。

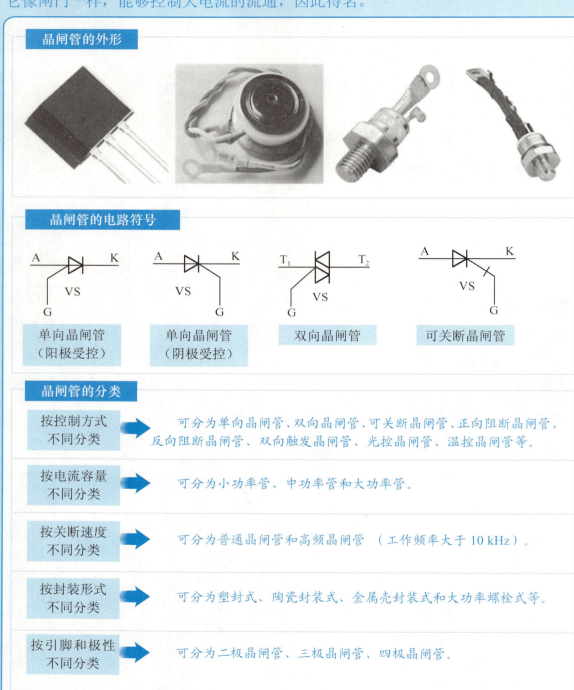

晶闸管的外形

晶闸管的电路符号

单向晶闸管（阳极受控） 　单向晶闸管（阴极受控） 　双向晶闸管 　可关断晶闸管

晶闸管的分类

- 按控制方式不同分类 → 可分为单向晶闸管、双向晶闸管、可关断晶闸管、正向阻断晶闸管、反向阻断晶闸管、双向触发晶闸管、光控晶闸管、温控晶闸管等。
- 按电流容量不同分类 → 可分为小功率管、中功率管和大功率管。
- 按关断速度不同分类 → 可分为普通晶闸管和高频晶闸管（工作频率大于10 kHz）。
- 按封装形式不同分类 → 可分为塑封式、陶瓷封装式、金属壳封装式和大功率螺栓式等。
- 按引脚和极性不同分类 → 可分为二极晶闸管、三极晶闸管、四极晶闸管。

晶闸管的引脚分布

晶闸管具有 3 个引脚。单向晶闸管的 3 个引脚分别是阳极 A、阴极 K 和控制极 G。

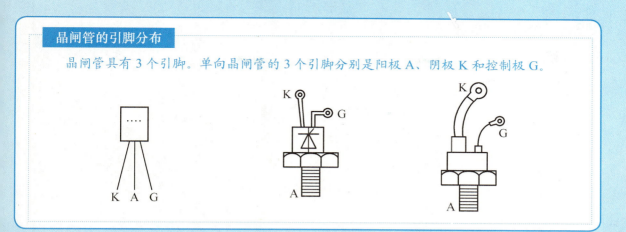

3.5.2 晶闸管型号的识别

国产晶闸管的型号命名主要由 5 部分组成，各部分的含义表示如下。

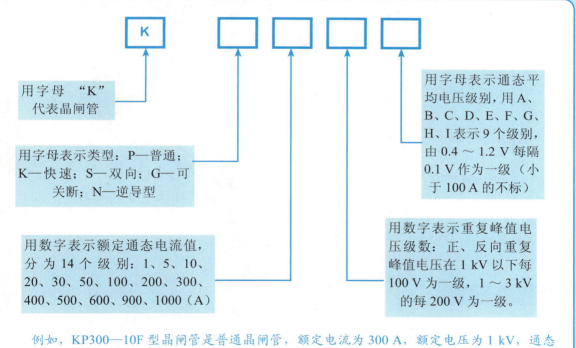

例如，KP300—10F 型晶闸管是普通晶闸管，额定电流为 300 A，额定电压为 1 kV，通态平均电压降为 0.9 V。

>> 特殊提示

国外晶闸管型号很多，大都按各公司自己的命名方式命名，如单向晶闸管有 SFOR1、CR2AM、SF5 等，双向晶闸管有 BTA06、BCR6AM、MAC97A6 等。

3.5.3 晶闸管的检测

单向晶闸管

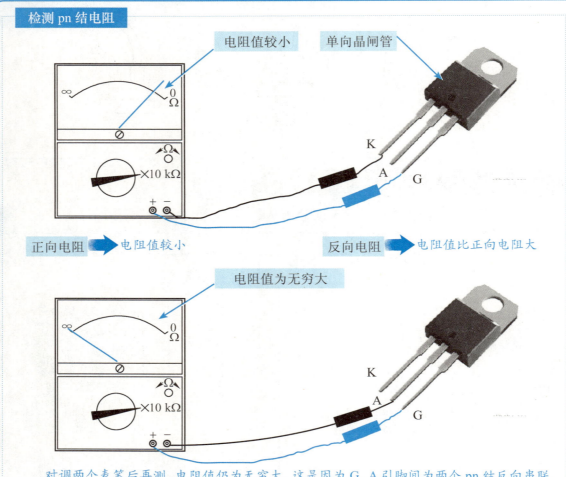

对调两个表笔后再测,电阻值仍为无穷大。这是因为 G、A 引脚间为两个 pn 结反向串联,正常情况下正、反向电阻均为无穷大。

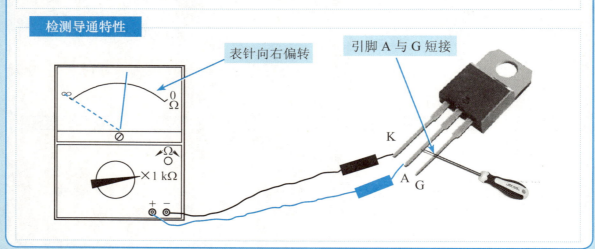

双向晶闸管

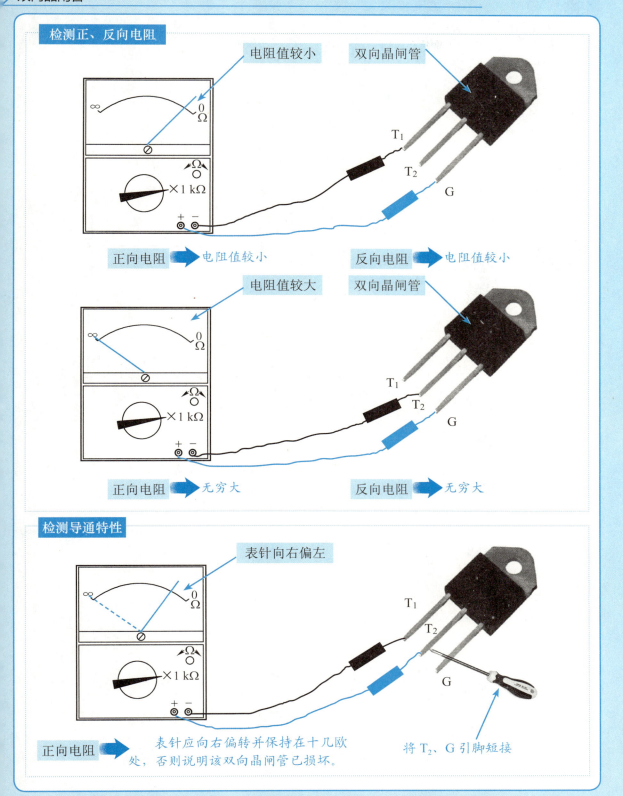

3.6 集成电路

3.6.1 集成电路的特点

将电阻、二极管和三极管等元器件以电路的形式制作在半导体硅片上，然后接出引脚并封装起来，就构成了集成电路。集成电路简称集成块，又称芯片或IC。

集成电路外形

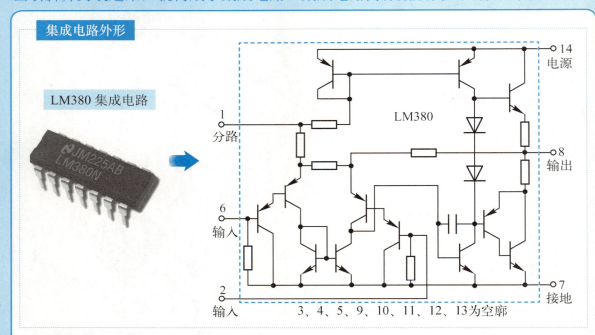

LM380 集成电路

集成电路特点

连接方式：集成电路内的各个元器件之间多采用直接连接（即用导线直接将两个电路连接起来），较少用电容连接，这样可以减少集成电路的面积，又能使它适用于各种频率的电路。

对称电路：集成电路内多采用对称电路（如差动电路），这样可以纠正制造工艺上的偏差。

故障电路：大多数集成电路一旦生产出来，内部的电路无法更改，不像分立元器件电路那样可以随时改动，所以当集成电路内的某个元器件损坏时，只能更换整个集成电路。

IC 使用：集成电路一般不能单独使用，需要与分立元器件组合才能构成实用的电路。对于集成电路，大多数电子爱好者只要知道其内部具有什么样功能的电路（即了解内部结构方框图和各引脚功能）就行了。

集成电路内部电路很复杂，对于大多数电子爱好者来说，可不必理会其内部电路工作原理。

3.6.2 集成电路引脚识别方法

集成电路的引脚很多，少则数个，多则数百个，各个引脚功能又不一样。集成电路通常都有一个标志指出第1引脚的位置，常见的标志有小圆点、小突起、缺口、缺角等。

单列直插集成电路引脚识别方法

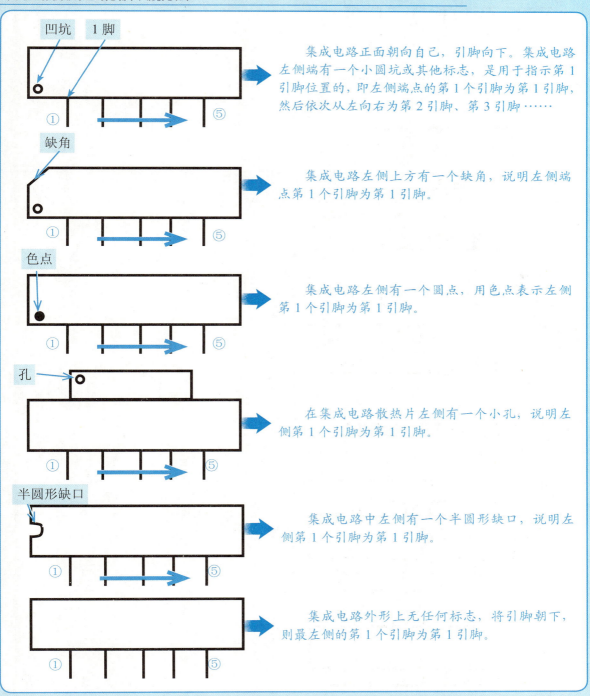

// 单列曲插集成电路引脚识别方法

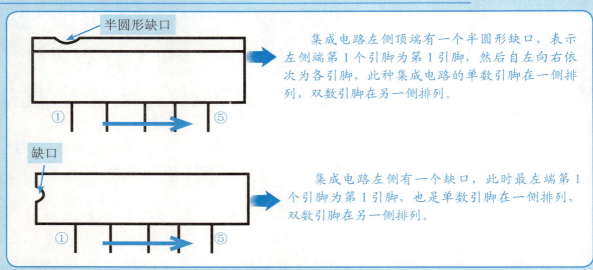

// 双列直插集成电路引脚识别方法

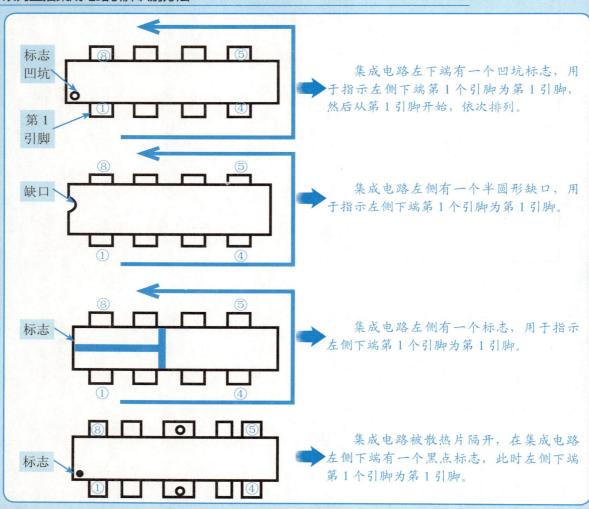

四面引线集成电路引脚识别方法

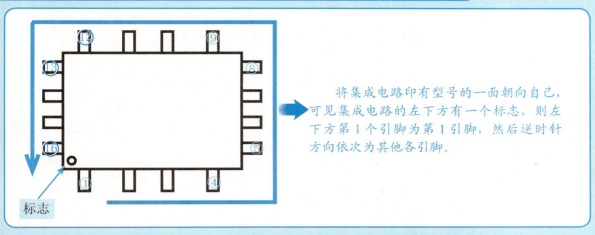

将集成电路印有型号的一面朝向自己,可见集成电路的左下方有一个标志,则左下方第 1 个引脚为第 1 引脚,然后逆时针方向依次为其他各引脚。

金属封装集成电路引脚识别方法

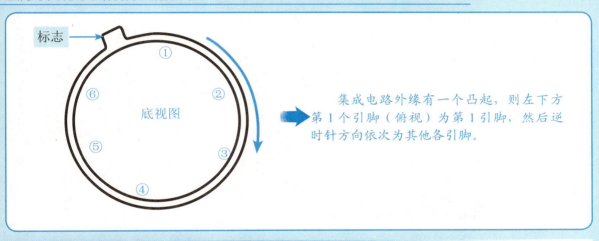

集成电路外缘有一个凸起,则左下方第 1 个引脚(俯视)为第 1 引脚,然后逆时针方向依次为其他各引脚。

3.6.3 集成电路电源引脚识别方法

集成电路的电源引脚用于将整机整流滤波电路输出的直流工作电压加到集成电路的内部电路中,为整个集成电路的内电路提供直流电源。学会判别电源引脚,无论在识读电路或后期检修时都会有着极大的帮助。

不同的集成电路,其电源引脚有着不同的特点。现以功率放大器集成电路电源引脚为例进行讲述。

电源引脚与整机整流滤波电路直接相连,并且该引脚与地之间接有一个较大容量的滤波电容(1000 μF),在很多情况下还并联一个小电容(0.01 μF)。

根据大容量电容的特征可以确定哪个引脚是集成电路的电源引脚，因为在整机电路中如此大容量的电容是很少的，只有 OTL 功率放大器电路的输出端有一个同样容量大小的电容。

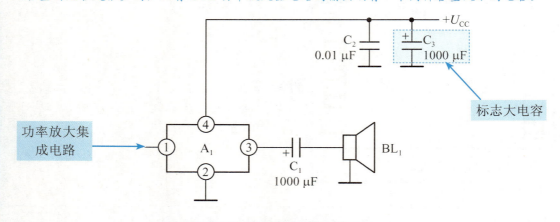

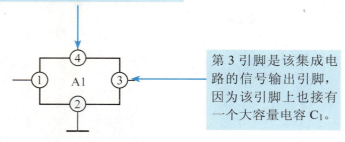

虽然 C_1 和 C_3 的容量都很大，但它们在电路中连接是不同的，C_3 一端接地线，而 C_1 另一端不接地线，根据这一点可分辨第 4 引脚是电源引脚。

其他集成电路的电源引脚外电路特征

 关于标志大电容 ➡ 电源引脚与地之间有一个有极性的电解电容，但容量没有那么大，一般为 100～200 μF。

 关于电源引脚与地 ➡ 电源引脚与地之间有一个 0.01 μF 的电容。

负电源引脚外电路特征与正电源引脚外电路特征

负电源引脚外电路特征与正电源引脚外电路特征相似，只是负电源引脚与地之间的那个有极性电源滤波电容的正极是接地的。

集成电路的电源引脚外电路的明显特征

集成电路的电源引脚外电路会有一个明显的特征，那就是电源引脚与地间接有一个电源滤波电容。

第 4 章

基本放大电路

4.1 基本放大电路简介
4.2 共发射极放大电路
4.3 共集电极放大电路
4.4 共基极放大电路
4.5 双级放大电路
4.6 多级放大电路
4.7 场效应管放大电路

4.1 基本放大电路简介

基本放大电路是构成各种复杂放大电路和线性集成电路的基本单元。日常生活中使用的收音机、电视机、精密测量仪器或复杂的自动控制系统都包含着各种各样的放大电路。放大电路的功能是将接收到的或从传感器得到的微弱电信号加以放大，从而推动下一装置的执行机构工作。

单级放大电路一般是指由一个三极管或场效应管组成的放大电路。

在电子技术中，以三极管为核心器件，利用其"以小控大"的作用，可组成各种形式的放大电路。其中，基本放大电路有3种，即共发射极放大电路、共集电极放大电路和共基极放大电路。

| 共发射极放大电路 | 共集电极放大电路 | 共基极放大电路 |

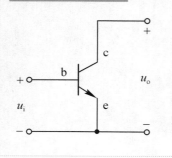 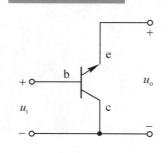 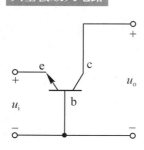

4.2 共发射极放大电路

4.2.1 共发射极放大电路的组成

基极电阻固定偏置的共发射极放大电路的各个元器件的作用如下所述。

三极管（VT） → 三极管是放大电路的核心器件。利用其基极小电流控制集电极较大电流的作用，可以使输入的微弱电信号从直流电源 U_{CC} 能量获得，从而输出一个能量较强的电信号。

| 电源（E_C 和 E_B） | ➤ | 电源的作用有两个，一是为放大电路提供能量，二是保证三极管的发射结正向偏置、集电结反向偏置。 |

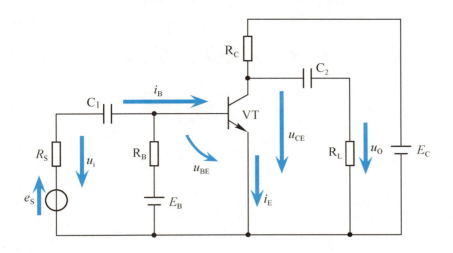

| 集电极电阻（R_C） | ➤ | R_C 的电阻值一般为数 kΩ 到数十 kΩ，其作用是将集电极的电流变化转换成集电极与发射极之间的电压变化。 |

| 固定偏置电阻（R_B） | ➤ | R_B 的数值一般为数十 kΩ 至数百 kΩ，其作用是保证发射结正向偏置，并提供一定的基极电流 I_B，使放大电路获得一个合适的静态工作点。 |

| 耦合电容（C_1 和 C_2） | ➤ | C_1 和 C_2 在电路中的作用是"隔直通交"。在实际应用中，C_1 和 C_2 通常选择容量较大、体积较小的电解电容器，其容量一般为数 μF 至数十 μF。放大电路连接电解电容时，必须注意电解电容器的极性，不能接错。 |

在实际放大电路中，一般采用单电源供电，这样发射结仍是正向偏置，通过调整 R_B 的电阻值仍可以产生合适的基极偏置电流 I_B。

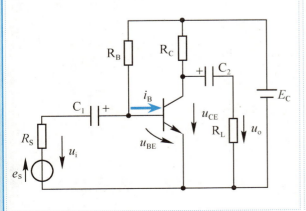

在放大电路中，通常把公共端接"地"，设其为零电位，作为电路中的电位参考点，同时，为了简化电路的画法，习惯上不绘制电源 E_C 的符号，而只在连接其正极的一端标出它对"地"的电压值 U_{CC} 和极性（"+"或"-"）

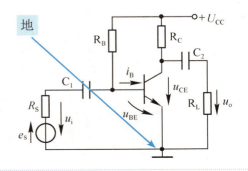

4.2.2 共发射极放大电路的静态分析

当放大电路没有施加输入信号，即 $u_i = 0$ 时，电路所处的工作状态称为静态工作状态（简称静态），也就是直流状态。

概念	作用	设置
进行静态分析的目的是找出放大电路的静态工作点，静态时电路中的 I_B、I_C、U_{CE} 的数值就称为放大电路的静态工作点。	静态工作点设置得合理及稳定与否，直接影响着放大电路的工作是否正常及性能质量的好坏。	要确定放大电路的静态工作点，可以利用其直流通路来计算，也可以利用图解分析法求得。

计算法确定静态工作点

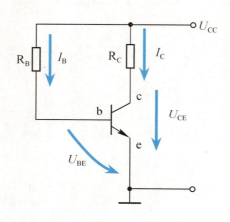

针对左图直流通路，可得出静态时的基极电流：

$$I_B = \frac{U_{CC} - U_{BE}}{R_B} \approx \frac{U_{CC}}{R_B}$$

由于 U_{BE}（硅管约为 0.6 V）比 U_{CC} 小得多，故可忽略不计。

由 I_B 可得出静态时的集电极电流：

$$I_C = \overline{\beta} I_B + I_{CEO} \approx \beta I_B$$

静态时的集射极电压

$$U_{CE} = U_{CC} - I_C R_C$$

实例

根据上图，设 $U_{CC} = 20\ \text{V}$，$R_B = 500\ \text{k}\Omega$，$R_C = 6\ \text{k}\Omega$，$\beta = 45$，试求放大电路的静态工作点。

解：根据如上的直流通路可得出

$$I_B \approx \frac{U_{CC}}{R_B} = \frac{20}{500} = 0.04\ (\text{mA}) = 40\ (\mu\text{A})$$

$$I_C \approx \beta I_B = 45 \times 40 = 1.8\ (\text{mA})$$

$$U_{CE} = U_{CC} - I_C R_C = 20 - 1.8 \times 6 \approx 9\ (\text{V})$$

图解法确定静态工作点

图解法是指利用三极管的输入特性曲线和输出特性曲线，通过作图来分析放大电路的 U–I 关系的方法。

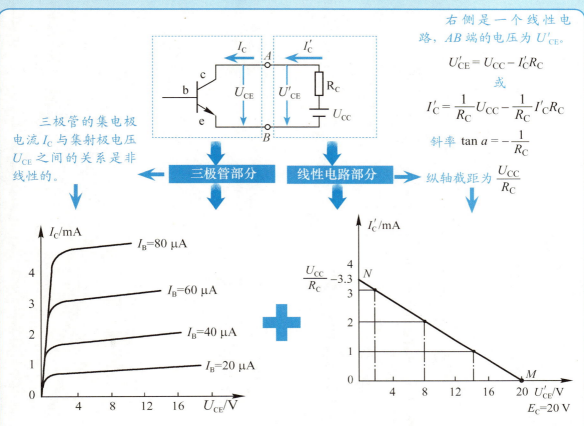

三极管的集电极电流 I_C 与集射极电压 U_{CE} 之间的关系是非线性的。

右侧是一个线性电路，AB 端的电压为 U'_{CE}。

$$U'_{CE} = U_{CC} - I'_C R_C$$

或

$$I'_C = \frac{1}{R_C} U_{CC} - \frac{1}{R_C} I'_C R_C$$

斜率 $\tan a = -\dfrac{1}{R_C}$

纵轴截距为 $\dfrac{U_{CC}}{R_C}$

实际上，电路中的电流与电压要同时满足三极管输出特性和直流负载线。为此，可以把左右两图组合在一起，直流负载线与三极管的某条（由 I_B 确定）输出特性曲线的交点 Q，称为放大电路的静态工作点，由它确定放大电路的电压和电流的静态值。

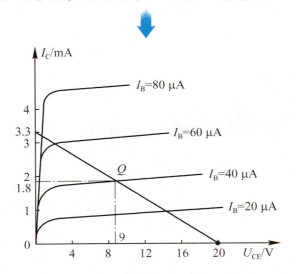

基极电流 I_B 的大小不同，静态工作点在负载线上的位置也就不同。根据对三极管工作状态的要求不同，要有一个合适的工作点，可通过改变 I_B 的大小来获得。因此，I_B 很重要，它确定了三极管的工作状态。I_B 通常称为偏置电流，简称偏流。

67

产生偏流的电路为偏置电路。在下图中，其电流路径为 $U_{CC} \rightarrow R_B \rightarrow$ 发射结 $\rightarrow$ "地"。R_B 称为偏置电阻。通常是通过改变 R_B 的电阻值来调整偏流 I_B 的大小的。

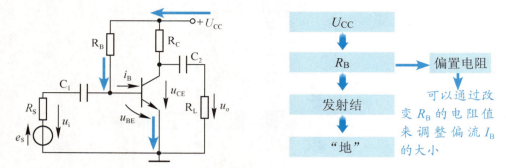

实例

在上图所示的电路中，已知 R_C=6 kΩ，U_{CC}=20 V，R_B=500 kΩ。三极管的输出特性如上页非线性输出特性一样，用图解法求静态工作点。

解：据直流通路有

$$U_{CE} = U_{CC} - I_C R_C$$

由此可得，当 $I_C = 0$ 时，$U_{CE} = U_{CC} = 20$ V

当 $U_{CE} = 0$ 时，$I_C = \dfrac{U_{CC}}{R_C} = \dfrac{20}{6} \approx 3.3$（mA）

由此可绘制直流负载线，如上页线性电路输出特性图所示

$$I_B \approx \dfrac{U_{CC}}{R_B} = \dfrac{20}{500} = 40 \text{（μA）}$$

根据前文可知，将非线性和线性两图合并，可知其静态工作点 Q 为

$I_B = 40$ μA $I_C = 1.8$ mA $U_{CE} = 9$ V

综上所述，用图解法求静态工作点的一般步骤为，首先绘出三极管的输出特性曲线，并绘制直流负载线，然后由直流通路求出偏流 I_B，最终求得合适的静态工作点。

4.2.3 共发射极放大电路的动态分析

当放大电路有输入信号（即 $u_i \neq 0$）时，其工作状态称为动态工作状态。进行动态分析的目的主要是求解放大电路的电压放大倍数、输入电阻和输出电阻这 3 个参数。

放大电路的动态工作情况

所谓放大电路的动态工作情况，是在静态的基础上，在输入端施加交流信号 $u_i = U_m \sin\omega t$，由于耦合电容 C_1、C_2 取值较大，对交流信号而言可将其视为短路，u_i 相当于直接加到三极管的发射结上，因此发射结上的实际电压为发射结电压静态值 U_{BE} 叠加交流电压 u_i，即

$$u_{BE} = U_{BE} + u_i$$

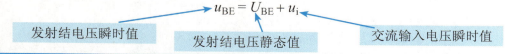

发射结电压瞬时值　　发射结电压静态值　　交流输入电压瞬时值

u_{BE} 的变化将引起基极电流产生相应的变化，即

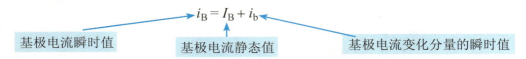

i_B 的变化将引起集电极电流产生相应的变化，即

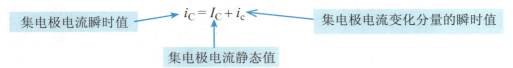

i_C 的变化将引起集电极电压产生相应的变化，即

$$u_{CE} = U_{CC} - i_C R_C$$

当 i_C 增大时，u_{CE} 随之减小，即 u_{CE} 的变化趋势与 i_C 的相反，所以经过耦合电容器 C_2 传送到输出端的输出电压 u_o 与 u_i 反相。只要电路参数选取适当，u_o 的幅值将比 u_i 幅值大得多，从而达到放大目的。

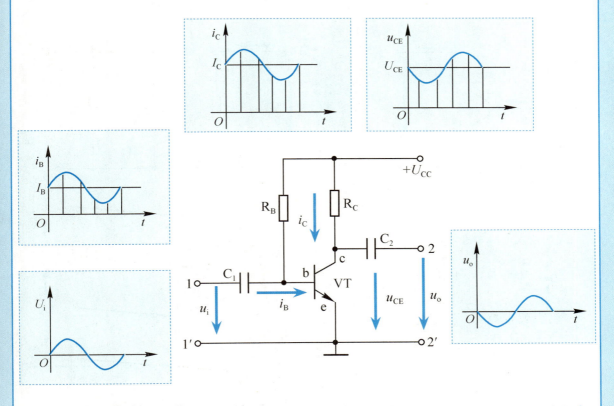

动态分析是在静态值确定的基础上分析信号传输情况的，考虑的只是电压、电流的交流分量。动态分析的基本方法有微变等效电路法和图解法两种。

三极管是一个非线性器件,其输入—输出特性不是线性的,这给放大电路的分析与计算带来很多不便。微变等效电路就是将放大电路中的非线性器件三极管线性化,使放大电路等效为一个线性电路。

三极管的微变等效电路

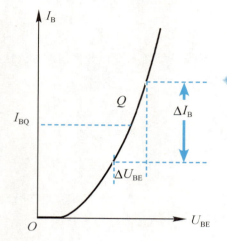

从输入特性曲线上求 r_{be} → 当输入信号很小时,在静态工作点 Q 附近的特性曲线可以近似认为是直线。

当 U_{CE} 为常数时,ΔU_{CE} 与 ΔI_B 之比称为三极管的输入电阻,用 r_{be} 表示,即

$$r_{be} = \frac{\Delta U_{BE}}{\Delta I_B}\bigg|_{U_{CE}} = \frac{u_{be}}{i_b}\bigg|_{U_{CE}}$$

在小信号的情况下,r_{be} 是一个常数,因此三极管 B、E 两点之间可用 r_{be} 等效代替。

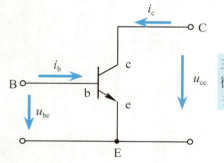

三极管微变等效电路

对于同一个三极管,若其静态工作点不同,相应的 r_{be} 值也不同。低频小功率三极管的输入电阻常用下式估算,即

$$r_{be} = 300\,(\Omega) + (1+\beta)\frac{26\,(\mathrm{mV})}{I_E\,(\mathrm{mV})}$$

一般为数百 Ω 至数 kΩ　　发射极电流的静态值

右图所示的是三极管输出特性曲线组,可见在放大区是一组近似与横坐标轴平行的直线。

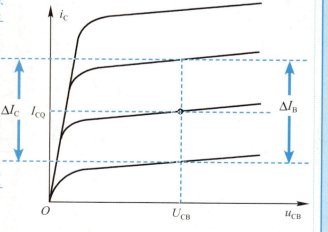

当 U_{CE} 为常数时,ΔI_C 与 ΔI_B 之比即为三极管的电流放大系数。在小信号的条件下,β 是一个常数,由它确定 i_c 受 i_b 控制的关系。因此,三极管的输出电路可用一个 $i_c=\beta i_b$ 的受控电流源来等效代替。三极管的输出特性不完全与横坐标轴平行,当 I_B 为常数时,r_{ce} 等于 ΔU_{CE} 与 ΔI_C 之比,即

$$r_{ce} = \frac{\Delta U_{CE}}{\Delta I_C} = \frac{u_{ce}}{i_c}$$

放大电路的微变等效电路

微变等效电路是对交流而言的,在交流信号源作用下的放大电路称为交流通路。

放大电路的交流通路
直流电源被视为短路,电容也被视为短路

放大电路的微变等效电路
电路中的电压和电流都是交流分量,箭头表示的是电压和电流的正方向

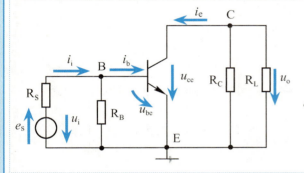
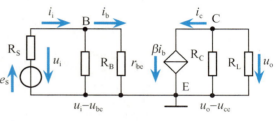

电压放大倍数 A_U 的计算

下面以本章开头时的交流放大电路为例,利用其微变等效电路图来进行电压放大倍数、输入电阻、输出电阻的计算。

放大电路的电压放大倍数 A_U 是输出正弦电压与输入正弦电压的相量之比,即

$$A_U = \frac{\dot{U}_o}{\dot{U}_i}$$

由放大电路的微变等效电路可知

$$\dot{U}_i = \dot{I}_b r_{be} \qquad \dot{U}_o = -\dot{I}_c R'_L = -\beta \dot{I}_b R'_L$$

式中,
$$R'_L = R_C // R_L$$

因此电压放大倍数为

$$A_U = \frac{\dot{U}_o}{\dot{U}_i} = -\beta \frac{R'_L}{r_{be}}$$

表示输出电压与输入电压反相

由上式可看出,当放大电路输出端开路(不接 R_L)时,$R'_L = R_C$,此时的电压放大倍数

$$A_U = -\beta \frac{R_C}{r_{be}}$$

由此可见,接负载 R_L 时,A_U 要降低;R_L 越小,电压放大倍数 A_U 就越低。

放大电路输入电阻的计算

对信号源或前级放大电路来说，放大电路是一个负载，可用一个等效电阻来表示。这个电阻也就是从放大电路输入端看进去的电阻，称为输入电阻 r_i，即

$$r_i = \frac{\dot{U}_i}{\dot{I}_i} = R_B // r_{be} \approx r_{be}$$

实际上，R_B 的电阻值比 r_{be} 大得多，因此这类放大电路的输入电阻近似等于 r_{be}。

为减轻信号源的负担，提高放大电路的净输入电压，通常希望放大电路的输入电阻越大越好。但是，由于受到 r_{be} 的限制，放大电路的输入电阻不可能很高。

放大电路输出电阻的计算

放大电路总是要带负载的。对负载而言，放大电路相当于一个电源，其内阻就是放大电路的输出电阻 r_o，即从放大器的输出端看进去的等效电阻。

如果放大电路的 r_o 较大（相当于电源内阻较大），当负载变化时，输出电压变化就较大，也就是说是带载能力较差。因此，希望放大电路的输出电阻越低越好。

将信号源 e_s 短路（$e_s = 0$）➡ 从输出端看进去为输出电阻 r_o ➡ $e_s = 0$ 时，$I_b = 0$，则 βI_b 也为零 ➡

受控电流源相当于开路 ➡ $r_o \approx R_C$（忽略 r_{ce}）➡ R_C 的电阻值一般为数 $k\Omega$，因此这种基本放大电路的输出电阻较高。

计算实例

若在放大电路中，$U_{CC} = 12\ V$，$R_C = 4\ k\Omega$，$R_B = 300\ k\Omega$，$\beta = 37.5$，$R_L = 4\ k\Omega$，试求电压放大倍数 A_U、输入电阻 r_i、输出电阻 r_o。

解：根据前文可知：

$$I_B \approx \frac{U_{CC}}{R_B} = \frac{12\ V}{300\ k\Omega} = 40\ \mu A$$

$$I_E \approx I_C \approx \beta I_B = 37.5 \times 40\ \mu A = 1.5\ mA$$

$$r_{be} = 300\ \Omega + (1+37.5)\frac{26\ mV}{1.5\ mA} \approx 0.967\ k\Omega$$

由此可进行下列计算：

$$A_U = -\beta \frac{R_L'}{r_{be}} = -37.5 \times \frac{4//4}{0.967} \approx -77.6$$

$$r_i \approx r_{be} = 0.967\ k\Omega$$

$$r_o \approx R_C = 4\ k\Omega$$

4.3 共集电极放大电路

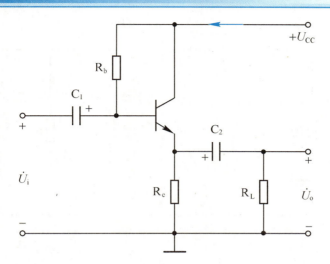

静态工作点

由基极回路求得静态基极电流。

$$I_{BQ} = \frac{U_{CC} - U_{BEQ}}{R_b + (1+\beta)R_e}$$

则

$$I_{EQ} \approx (1+\beta)I_{BQ}$$

$$U_{CEQ} = U_{CC} - I_{EQ}R_e$$

$$\approx U_{CC} - I_{CQ}R_e$$

动态分析

上图的等效电路如下所示：

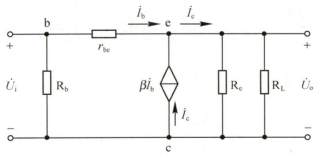

电压放大倍数

$$\dot{U}_o = \dot{I}_e R'_e = (1+\beta)\dot{I}_b R'_e \quad \dot{U}_i = \dot{I}_b r_{be} + \dot{I}_e R'_e = \dot{I}_b r_{be} + (1+\beta)\dot{I}_b R'_e$$

$$\dot{A}_u = \frac{\dot{U}_o}{\dot{U}_i} = \frac{(1+\beta)R'_e}{r_{be} + (1+\beta)R'_e} \quad R'_e = R_e // R_L$$

由此可见，电压放大倍数大于 0 而小于 1，且输出电压与输入电压同相。因此，共集电极放大电路又称射极跟随器。

输入电阻

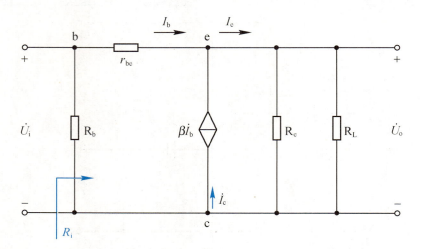

$R_i = R_b // [r_{be} + (1+\beta)R'_e]$ $R'_e = R_e // R_L$

由此可见,输入电阻较大。

输出电阻

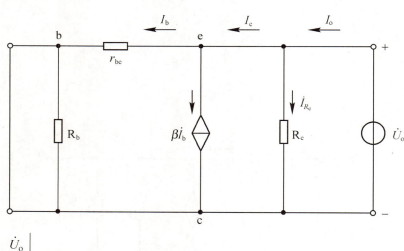

$R_o = \dfrac{\dot{U}_o}{\dot{I}_o}\bigg|_{\substack{\dot{U}_s=0 \\ R_L=\infty}}$ $R_o = R_e // \dfrac{r_{be}}{1+\beta}$

$\dot{I}_b = \dfrac{\dot{U}_o}{r_{be}}$, $\dot{I}_e = (1+\beta)\dfrac{\dot{U}_o}{r_{be}}$ ➡ $\dot{I}_o = \dot{I}_e + \dot{I}_{R_e} = (1+\beta)\dfrac{\dot{U}_o}{r_{be}} + \dfrac{\dot{U}_o}{R_e}$ ➡ $R_o = \dfrac{U_o}{\dot{I}_o} = R_e // \dfrac{r_{be}}{1+\beta}$

由此可见,输出电阻低,其带负载能力比较强。

4.4 共基极放大电路

原理电路

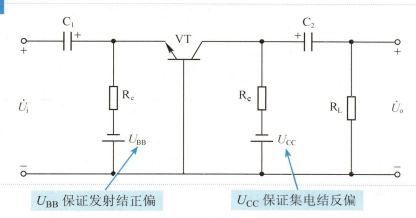

U_{BB} 保证发射结正偏

U_{CC} 保证集电结反偏

实际电路

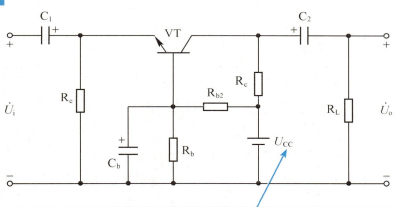

U_{CC} 用 R_{b1}、R_{b2} 分压，从而提供基极正偏电压

静态工作点

$$I_{EQ} = \frac{U_{BQ} - U_{BEQ}}{R_e} = \frac{1}{R_e}\left(\frac{R_{b1}}{R_{b1}+R_{b2}} U_{CC} - U_{BEQ}\right) \approx I_{CQ}$$

$$I_{BQ} = \frac{I_{EQ}}{1+\beta}$$

$$U_{CEQ} = U_{CC} - I_{CQ}R_c - I_{EQ}R_e$$
$$\approx U_{CC} - I_{CQ}(R_c + R_e)$$

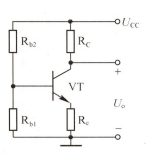

电压放大倍数

由微变等效电路可知

$\dot{U}_i = \dot{I}_b r_{be}$

$\dot{U}_o = \beta \dot{I}_b R'_L$

$\dot{A}_u = \dfrac{\dot{U}_o}{\dot{U}_i} = \dfrac{\beta R'_L}{r_{be}}$

$R'_L = R_c // R_L$

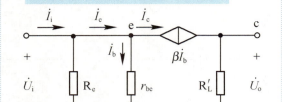

共基极放大电路的微变等效电路

共基极放大电路没有电流放大作用,但具有电压放大作用。电压放大倍数与共发射极放大电路相似,但没有负号,说明共基极放大电路的输出信号与输入信号同相。

输入/输出电阻

$R_i = \dfrac{\dot{U}_i}{\dot{I}_i} = R_e // \dfrac{r_{be}}{1+\beta}$ $R_o = R_c$

三种单极放大电路比较

	共发射极放大电路	共集电极放大电路	共基极放大电路
电路结构			
$\dot{A}_i$	大(数十以上)	大(数十以上)	小
$\dot{A}_u$	大(数十至100) $-\dfrac{\beta R'_L}{r_{be}}$	小(不大于1) $\dfrac{(1+\beta)R'_e}{r_{be}+(1+\beta)R'_e}$	大(数十至100) $\dfrac{\beta R'_L}{r_{be}}$
R_i	中(数百欧至数千欧) $R_b // r_{be}$	大(数十千欧以上) $R_b //[r_{be}+(1+\beta)R'_{e1}]$	小(数欧至数十欧) $R_e // \dfrac{r_{be}}{1+\beta}$
R_o	中(数十千欧至数百千欧) R_c	中(数欧至数十欧) $R_e // \dfrac{r_{be}}{1+\beta}$	大(数百千欧至数兆欧) R_c
响应	差	较好	好

> **实例**
>
> 电路如图所示，BJT 的电流放大系数为 β，输入电阻为 r_{be}，略去了偏置电路。试求下列三种情况下的电压增益 $\dot{A}_U$、输入电阻 R_i 和输出电阻 R_o。
>
> (1) $U_{s1}=0$，从集电极输出；
> (2) $U_{s2}=0$，从集电极输出；
> (3) $U_{s2}=0$，从发射极输出

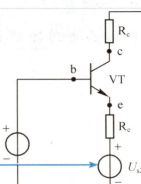

共发射极接法

$U_{s1}=0$，从集电极输出

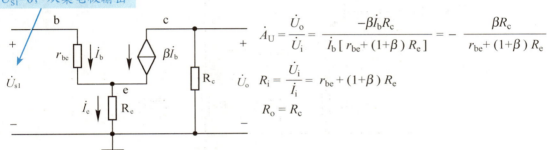

$$\dot{A}_U = \frac{\dot{U}_o}{\dot{U}_i} = \frac{-\beta \dot{i}_b R_c}{\dot{i}_b [r_{be}+(1+\beta)R_e]} = -\frac{\beta R_c}{r_{be}+(1+\beta)R_e}$$

$$R_i = \frac{\dot{U}_i}{\dot{I}_i} = r_{be}+(1+\beta)R_e$$

$$R_o = R_c$$

共基极接法

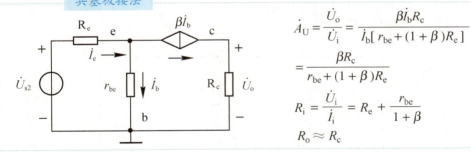

$$\dot{A}_U = \frac{\dot{U}_o}{\dot{U}_i} = \frac{\beta \dot{i}_b R_c}{\dot{i}_b[r_{be}+(1+\beta)R_e]}$$

$$= \frac{\beta R_c}{r_{be}+(1+\beta)R_e}$$

$$R_i = \frac{\dot{U}_i}{\dot{I}_i} = R_e + \frac{r_{be}}{1+\beta}$$

$$R_o \approx R_c$$

共集电极接法

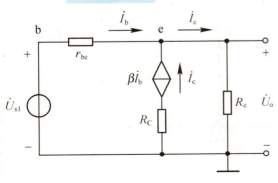

$$\dot{A}_U = \frac{\dot{U}_o}{\dot{U}_i} = \frac{(1+\beta)\dot{i}_b R_e}{\dot{i}_b[r_{be}+(1+\beta)R_e]}$$

$$= \frac{(1+\beta)R_e}{r_{be}+(1+\beta)R_e}$$

$$R_i = \frac{\dot{U}_1}{\dot{I}_1} = r_{be}+(1+\beta)R_e$$

$$R_o \approx R_e \mathbin{/\mkern-5mu/} \frac{r_{be}}{1+\beta}$$

4.5 双级放大电路

4.5.1 双级放大电路的特点和组成

双级放大电路的主要特点是电压增益高,工作点稳定度高,偏置电阻无须调整和电路较为简单。

采用两个三极管可以构成双级放大电路,如下图所示:

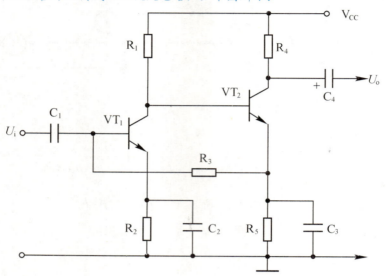

VT_1 的基极偏压不是取自电源电压,而是通过 R_3 取自 VT_2 的发射极电压 ➡ 这样就构成了二级直流负反馈,使整个电路工作点更加稳定。

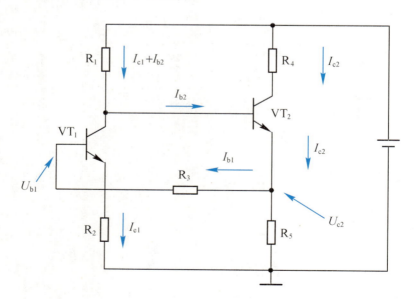

该电路一经设计完毕,两个三极管的工作点就已固定,因此无须调整偏置电阻。

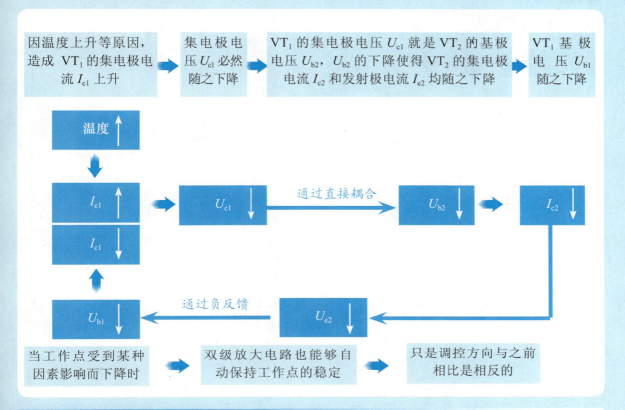

4.5.2 双级放大电路的放大过程

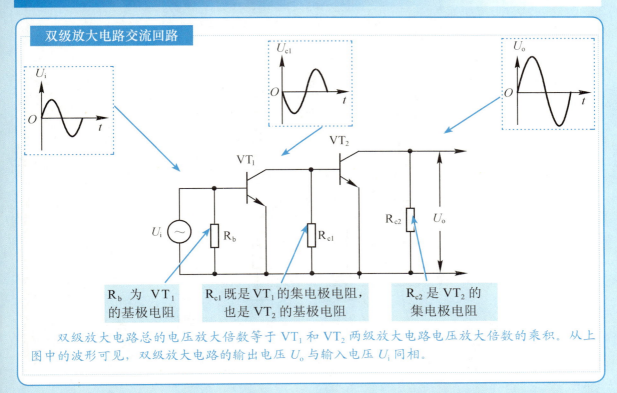

双级放大电路总的电压放大倍数等于 VT_1 和 VT_2 两级放大电路电压放大倍数的乘积。从上图中的波形可见，双级放大电路的输出电压 U_o 与输入电压 U_i 同相。

4.6 多级放大电路

4.6.1 多级放大电路耦合方式

多级放大电路由输入级、中间级和输出级组成。

在多级放大电路中,各级之间的相互连接方式称为耦合。常用的耦合方式有阻容耦合、直接耦合和变压器耦合。

阻容耦合

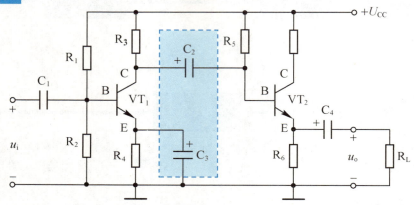

因电容具有隔直作用,各级静态工作点相互独立,在分析、设计、调试中可对各级放大电路单独处理。另外,由于电容对交流信号的容抗很小,只要 C_2 的容量选得合适,前级输出信号可以几乎无衰减地传递到后级。但阻容耦合放大器的低频特性较差,不能放大变化缓慢的信号或直流信号。又因难以制造容量较大的电容,所以不利于集成,故多用于由分立元器件组成的放大电路中。

直接耦合

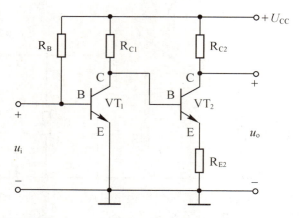

直接耦合电路结构简单,能直接传输前、后级信号,因此低频特性较好。由于无耦合电容,所以便于集成。但是,由于前、后级之间存在直流通路,前级的集电极电位恒等于后级的基极电位,前级的集电极电阻又是后级的偏流电阻,因此前、后级静态工作点之间会相互影响。

变压器耦合

由于变压器具有隔直作用，两级放大电路的静态工作点相互独立，其分析和计算与单级放大电路的相同。而对于交流信号，变压器则起传输作用。

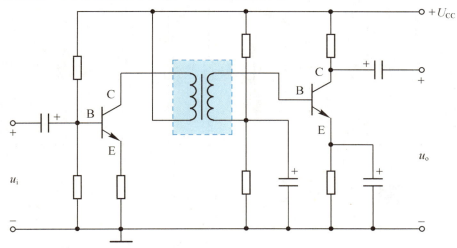

变压器耦合电路可实现阻抗匹配，在功率放大电路中应用较方便。但变压器耦合放大电路不能放大直流信号或低频信号，且因变压器自身体积和质量较大，不利于电路的集成。

4.6.2　阻容耦合放大电路

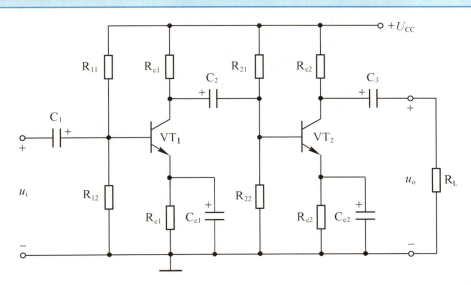

多级放大电路的前一级输出信号可看作后一级的输入信号，而后一级的输入电阻又是前一级的负载电阻。

输入电阻和输出电阻

$$r_i = \frac{U_i}{I_i} = R_{11} // R_{12} // r_{be1}$$

81

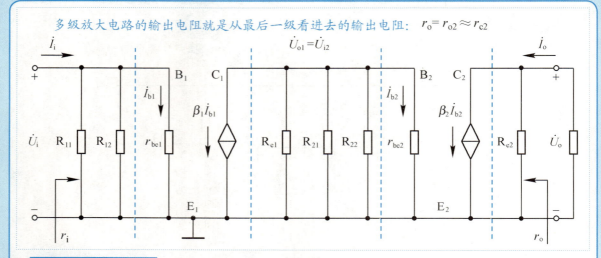

多级放大电路的输出电阻就是从最后一级看进去的输出电阻：$r_o = r_{o2} \approx r_{c2}$

电压放大倍数

第 1 级的电压放大倍数：$A_{u1} = \dfrac{\dot{U}_{o1}}{\dot{U}_i}$

第 2 级的电压放大倍数：$A_{u2} = \dfrac{\dot{U}_{o1}}{\dot{U}_{i2}}$

当 $\dot{U}_{i2} = \dot{U}_{o1}$ 时，总的电压放大倍数为

$$A_u = \dfrac{\dot{U}_o}{\dot{U}_i} = \dfrac{\dot{U}_{o1}}{\dot{U}_i} \times \dfrac{\dot{U}_o}{\dot{U}_{o1}} = \dfrac{\dot{U}_{o1}}{\dot{U}_i} \times \dfrac{\dot{U}_o}{\dot{U}_{i2}} = A_{u1} A_{u2}$$

推广到 n 级放大电路，总的电压放大倍数为

$$A_u = A_{u1} \cdot A_{u2} \cdots A_{un-1} \cdot A_{un}$$

由此可见，多级放大电路的电压放大倍数等于各级放大电路电压放大倍数的乘积。需要强调的是，在计算每一级的电压放大倍数时，要把后一级的输入电阻视为它的负载电阻。例如，对第 1 级来说，有

$$A_{u1} = -\beta_1 \dfrac{R'_{L1}}{r_{be1}}$$

式中，$R'_{L1} = R_{c1} // r_{i2}$，即 R'_{L1} 为 R_{C1}、R_{21}、R_{22} 和 r_{be2} 四个电阻的并联。

对第 2 级来说，有

$$A_{u2} = -\beta_2 \dfrac{R'_{L2}}{r_{be2}}$$

式中，$R'_{L1} = R_{c1} // r_{i2}$　所以

$$A_u = A_{u1} \cdot A_{u2} = \left(-\beta_1 \dfrac{R'_{L1}}{r_{be1}} \right) \cdot \left(-\beta_2 \dfrac{R'_{L2}}{r_{be2}} \right)$$

设共发射极放大电路每一级的相移为 π，则 n 级放大电路的总相移为 $n\pi$。因此，对于奇数级，总相移为 π，即输出电压与输入电压反相；对于偶数级，总相移为零，即输出电压与输入电压同相。这样总的电压放大倍数表示为

$$A_u = (-1)^n A_{u1} \cdot A_{u2} \cdots A_{un}$$

> **实例**
> 根据本节开始时的电路图，若 β_1=40，β_2=80，R_{11}=30 kΩ，R_{12}=15 kΩ，R_{c1}=R_{e1}=3 kΩ，R_{21}=20 kΩ，R_{22}=10 kΩ，R_{c2}=2.5 kΩ，R_{e2}=2 kΩ，R_L=5 kΩ，C_1=C_2=C_3=50 μF，C_{e1}=C_{e2}=100 μF，U_{CC}=12 V，试求：
> （1）各级的静态工作点；（2）两级放大电路的电压放大倍数。

解：

$$U_{B1} = \frac{R_{12}}{R_{11}+R_{12}} U_{CC} = 4\text{V}$$

$$I_{C1} \approx I_{E1} = \frac{U_{B1}-U_{BE1}}{R_{e1}} = \frac{4-0.7}{3} = 1.1(\text{mA})$$

$$I_{B1} = \frac{I_{C1}}{\beta_1} = \frac{1.1\text{ mA}}{40} = 27.5\text{μA}$$

$$U_{CE1} = U_{CC} - I_{C1}(R_{c1}+R_{e1}) = 12 - 1.1\times(3+3) = 5.4(\text{V})$$

$$U_{B2} = \frac{R_{22}}{R_{21}+R_{22}} U_{CC} = 4\text{V}$$

$$I_{C2} \approx I_{E2} = \frac{U_{B2}-U_{BE2}}{R_{e2}} = \frac{4-0.7}{2} = 1.65(\text{mA})$$

$$I_{B2} = \frac{I_{C2}}{\beta_2} = \frac{1.65\text{ mA}}{80} \approx 20.6(\text{μA})$$

$$U_{CE2} = U_{CC} - I_{C2}(R_{c2}+R_{e2}) = 12 - 1.65\times(2.5+2) \approx 4.6(\text{V})$$

由等效电路可知，VT_1 的输入电阻为

$$r_{be1} = 300 + (1+\beta_1)\frac{26}{I_{E1}} = 300 + (1+40)\frac{26}{1.1} \approx 1.27(\text{kΩ})$$

VT_2 的输入电阻为

$$r_{be2} = 300 + (1+\beta_2)\frac{26}{I_{E2}} = 300 + (1+80)\frac{26}{1.65} \approx 1.58(\text{kΩ})$$

第 2 级的输入电阻：

$$r_{i2} = R_{21}//R_{22}//r_{be2} \approx 1.28\text{ kΩ}$$

第 1 级的负载电阻：

$$R'_{L1} = R_{c1}//r_{i2} \approx 0.9\text{kΩ}$$

第 2 级的负载电阻：

$$R'_{L2} = R_{c2}//R_L \approx 1.7\text{kΩ}$$

第 1 级的电压放大倍数：

$$A_{u1} = \frac{\dot{U}_{o1}}{\dot{U}_{i1}} = -\beta_1 \frac{R'_{L1}}{r_{be1}} = -40 \times \frac{0.9}{1.27} \approx -28.3$$

第 2 级的电压放大倍数：

$$A_{u2} = \frac{\dot{U}_{o2}}{\dot{U}_{i2}} = -\beta_2 \frac{R'_{L2}}{r_{be2}} = -80 \times \frac{1.7}{1.58} \approx -86.1$$

总的电压放大倍数：

$$A_u = A_{u1} \cdot A_{u2} \approx 2436.6$$

4.7 场效应管放大电路

4.7.1 场效应管放大电路的组成

由于场效应管具有高输入电阻的特点,它适合作为多级放大电路的输入级。

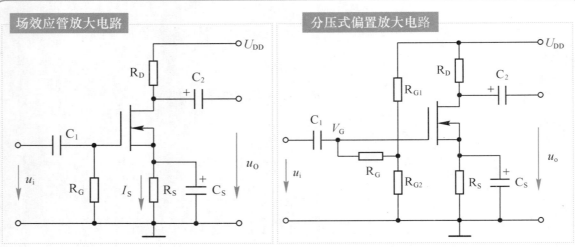

与三极管比较,场效应管的源极、漏极、栅极相当于三极管的发射极、集电极、基极。二者的放大电路也类似,场效应管放大电路有共源极放大电路和源极输出器。在三极管放大电路中,必须设置合适的静态工作点,否则将造成输出信号的失真。同样,场效应管放大电路也必须设置合适的工作点。

4.7.2 场效应管放大电路的静态分析

漏极电阻 R_D 使放大电路具有电压放大功能,其电阻值约为数十 $k\Omega$

输入电路耦合电容 C_1 的容量约为 $0.01 \sim 0.047 \mu F$

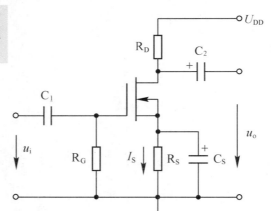

输出电路耦合电容 C_2 的容量约为 $0.01 \sim 0.047 \mu F$

交流旁路电容 C_S 的容量约为数十 μF

栅极电阻 R_G 用以构成栅、源极间的直流通路。R_G 不能太小,否则会影响放大电路的输入电阻,其电阻值约为 $200 k\Omega \sim 10 M\Omega$

源极电阻 R_S 控制静态工作点,其电阻值约为数 $k\Omega$

源极电流 I_S(等于 I_D)流经源极电阻 R_S,在 R_S 上产生电压降($I_S R_S$),显然 $U_{GS} = -I_S R_S = -I_D R_S$,它就是自给偏压。

分压式偏置电路

在自给偏压电路中，R_S 具有电流负反馈和稳定静态工作点的作用。为了使工作点更稳定，就要增大 R_S 的电阻值。但是，R_S 过大会导致 U_{GS} 产生非线性失真，使放大电路不能正常工作。为此，可采用分压式偏置电路。

R_{G1} 和 R_{G2} 为分压电阻

R_G 是为了提高放大电路的输入电阻而接的，R_G 中并无电流通过

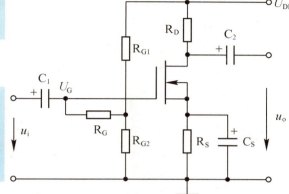

由于栅极接了一个固定的正电位

$$U_G = \frac{R_{G2}}{R_{G1} + R_{G2}} U_{DD}$$

这样栅源电压

$$U_{GS} = U_G - I_D R_S$$

对 n 沟道耗尽型管，U_{GS} 为负值，所以 $I_D R_S > U_G$

对 n 沟道增强型管，U_{GS} 为正值，所以 $I_D R_S < U_G$

当有信号输入时，对放大电路进行动态分析，主要是分析其电压放大倍数、输入电阻和输出电阻。

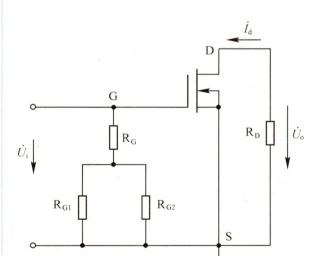

放大电路的输入电阻为

$$r_i = [R_G + (R_{G1} // R_{G2})] // r_{gs}$$
$$\approx R_G + (R_{G1} // R_{G2})$$
$$\approx R_G$$

因为通常在分压点和栅极之间接入的 R_G 较大，所以 $r_i \approx R_G$。

由于场效应管的输出特性具有恒流源特性，故其输出电阻为

$$r_{ds} = \frac{\Delta U_{DS}}{\Delta I_D} \bigg|_{U_{GS}}$$

r_{ds} 是很大的。在共源极放大电路中，漏极电阻 R_D 是与场效应管的输出电阻 r_{ds} 并联的，所以当 $r_{ds} \gg R_D$ 时，放大电路的输出电阻为

$$r_o \approx R_D$$

输出电压为
$$\dot{U}_o = -\dot{I}_d R_D = -g_m \dot{U}_{gs} R_D$$

电压放大倍数为
$$A_U = \frac{\dot{U}_o}{\dot{U}_i} = \frac{\dot{U}_o}{\dot{U}_{gs}} = -g_m R_D$$

式中，负号表示输出电压和输入电压反相。

实例

在如下所示的电路图中，已知 $U_{DD} = 24\text{ V}$，$R_D = 10\text{ k}\Omega$，$R_S = 10\text{ k}\Omega$，$R_{G1} = 200\text{ k}\Omega$，$R_{G2} = 64\text{ k}\Omega$，$R_G = 1\text{ M}\Omega$，所用的场效应管为 n 沟道耗尽型，其参数 $g_m = 1\text{ mA/V}$，$r_{gs} = 10^6\text{ k}\Omega$。试求：①静态值；②电压放大倍数、输入电阻和输出电阻。

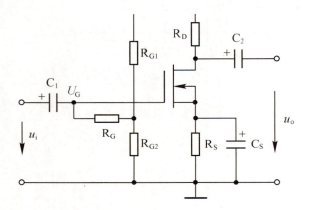

解：栅极电位为 $U_G = \dfrac{R_{G2}}{R_{G1}+R_{G2}} U_{DD} = \dfrac{64}{64+200} \times 24 \approx 5.82\text{(V)}$

设要求获得偏压 $U_{GS} = -2\text{V}$，则源极电位为
$$U_S = I_D R_S = U_G - U_{GS} = 5.82 - (-2) = 7.82\text{(V)}$$

由此可求出漏极电流和漏源电压分别为
$$I_D = \frac{U_S}{R_S} = \frac{7.82}{10} = 0.782\text{(mA)}$$

$$U_{DS} = U_{DD} - I_D(R_D + R_S) = 24 - 0.782 \times (10+10) = 8.36\text{(V)}$$

放大电路的电压放大倍数
$$A_U = -g_m R_L' = -1 \times (10//10) = -5$$

输入电阻、输出电阻分别为
$$r_i \approx R_G = 1\text{ M}\Omega$$
$$r_o = R_D = 10\text{ k}\Omega$$

第 5 章

直流稳压电源

5.1 整流电路

5.2 滤波电路

5.3 直流稳压电路

5.4 开关稳压电源

5.1 整流电路

5.1.1 单相整流电路

整流的目的是将交流电变换成直流电，这主要是依靠二极管的单向导电作用实现的，因此二极管是构成整流电路的关键器件。在小功率整流电路（200 W 以下）中，常见的整流电路有单相半波、全波、桥式和倍压整流电路。

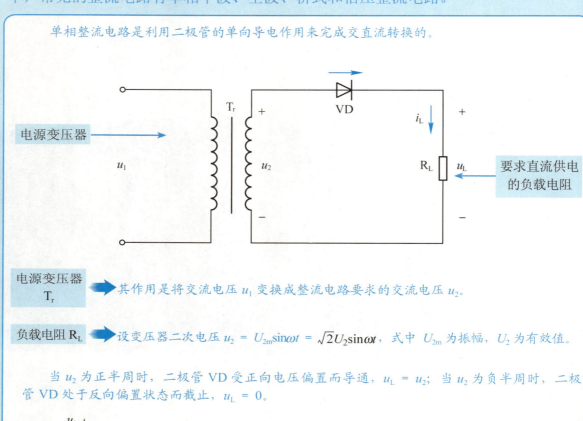

单相整流电路是利用二极管的单向导电作用来完成交直流转换的。

电源变压器 T_r ➡ 其作用是将交流电压 u_1 变换成整流电路要求的交流电压 u_2。

负载电阻 R_L ➡ 设变压器二次电压 $u_2 = U_{2m}\sin\omega t = \sqrt{2}U_2\sin\omega t$，式中 U_{2m} 为振幅，U_2 为有效值。

当 u_2 为正半周时，二极管 VD 受正向电压偏置而导通，$u_L = u_2$；当 u_2 为负半周时，二极管 VD 处于反向偏置状态而截止，$u_L = 0$。

$$u_L = \begin{cases} \sqrt{2}U_2\sin\omega t & 0 \leqslant \omega t \leqslant \pi \\ 0 & \pi < \omega t \leqslant 2\pi \end{cases}$$

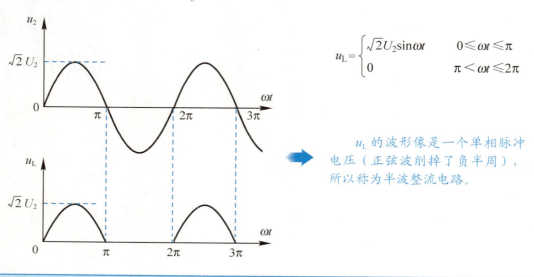

➡ u_L 的波形像是一个单相脉冲电压（正弦波削掉了负半周），所以称为半波整流电路。

脉冲电压的平均值 $U_{L(AV)}$ 为

$$U_{L(AV)} = \frac{1}{2\pi} \int_0^\pi U_{2m}\sin\omega t\, d(\omega t) = \frac{U_{2m}}{\pi} = \frac{\sqrt{2}U_2}{\pi} \approx 0.45U_2$$

流过二极管 VD 的电流平均值 $I_{D(AV)}$ 为

$$I_{D(AV)} = \frac{U_{L(AV)}}{R_L} = \frac{0.45U_2}{R_L}$$

二极管两端所受的最大反向电压 $U_{RM} = U_{2m}$。

半波整流电路中的二极管安全工作的必要条件

条件1：　二极管的最大整流电流必须大于二极管的实际平均电流，即 $I_F > I_{D(AV)}$。

条件2：　二极管所承受的最大反向峰值电压 U_{RM} 必须小于二极管的最大反向工作电压 U_R，即 $U_{RM} < U_R$。

从上述分析看，半波整流电路的输出电压较低，还不到输入电压有效值的 50%。此外，电压脉动也太大。

5.1.2　全波桥式整流电路

目前，在工程上最常用的是全波桥式整流电路，又称桥式整流器。它是由 4 个整流二极管 $VD_1 \sim VD_4$ 接成电桥的形式，故有桥式整流电路之称。

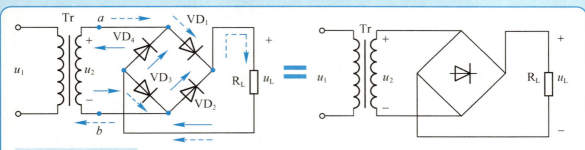

电压 u_2 的正半周

如上图虚线指示电路，设 $u_2 = U_{2m}\sin\omega t$，在 u_2 的正半周内，即上正下负，二极管 VD_1、VD_3 因受正向偏压而导通；VD_2、VD_4 因受反向电压而截止。电流 i_1 的通路为

　　a ➡ VD_1 ➡ R_L ➡ VD_3 ➡ b

于是在负载 R_L 上得到 u_L 的半波电压。

电压 u_2 的负半周

在 u_2 的负半周内，即上负下正，二极管 VD_1、VD_3 均截止，VD_2、VD_4 均导通。电流 i_2 的通路为

　　b ➡ VD_2 ➡ R_L ➡ VD_4 ➡ a

当电源 u_2 变化一个周期后，在负载电阻 R_L 上得到的电压和电流是单向全波脉动波形：

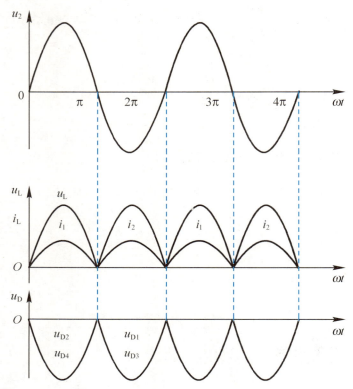

u_L 的波形用傅里叶级数展开，可得

$$u_L = \sqrt{2}U_2\left(\frac{2}{\pi} - \frac{4}{3\pi}\cos 2\omega t - \frac{4}{15\pi}\cos 4\omega t - \frac{4}{35\pi}\cos 6\omega t \cdots\right)$$

式中，恒定分量即负载电压 u_L 的平均值，因此

$$U_{L(AV)} = \frac{2\sqrt{2}}{\pi}U_2 \approx 0.9U_2$$

若已知输出电压平均值 $U_{L(AV)}$，即可确定电源变压器二次电压有效值为

$$U_2 = \frac{U_{L(AV)}}{0.9} \approx 1.11 U_{L(AV)}$$

负载平均电流为 $I_{L(AV)} = \dfrac{0.9U_2}{R_L}$

变压器二次电流有效值 I_2 为 $I_2 = \dfrac{U_2}{R_L} = 1.1 I_{L(AV)}$

从波形上看，全波桥式整流电路的输出电压波形的脉动要明显优于半波整流电路，对电源电压的利用率也大大提高。通常，整流后输出电压的波动情况用脉动系数来衡量。脉动系数用 S 表示，其定义为整流电路输出电压的基波（或最低次谐波）分量的幅值与直流分量的比值。

半波整流时的脉动系数 $S = \dfrac{U_2/\sqrt{2}}{\sqrt{2}U_2/\pi} = \dfrac{\pi}{2} \approx 1.57$

全波桥式整流电路的脉动系数为

$$S = \frac{4\sqrt{2}U_2/3\pi}{0.9U_2} \approx 0.67$$

显然，全波桥式整流电路的脉动系数小于半波整流电路的脉动系数。

由于每两个二极管都是在半周内导通，所以每个二极管所流过的平均电流为

$$I_{D(AV)} = \frac{1}{2}I_{L(AV)} = \frac{0.45U_2}{R_L}$$

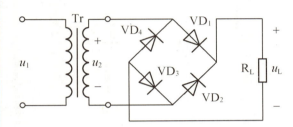

根据左图可知，无论是哪个半周，变压器二次电压 u_2 总是直接加到截止的二极管两端。所以，此时每个二极管所承受的最大反向电压就是变压器二次电压的幅值，即

$$U_{RM} = \sqrt{2}U_2$$

在实际工作中，选择二极管时仍然取其最大整流电流 $I_F > I_{D(AV)}$，最高反向工作电压 $U_R > \sqrt{2}U_2$。

实例

如上图所示的全波桥式整流电路。已知 $U_1 = 220\text{ V}$，$R_L = 20\text{ }\Omega$，$U_{L(AV)} = 70\text{ V}$，试求变压器的电压比、容量和整流二极管的参数。

解：因为是全波桥式整流，所以 $U_2 = \frac{U_{L(AV)}}{0.9} = \frac{70}{0.9} \approx 77.8\text{(V)}$

变压器的电压比：$n = \frac{U_1}{U_2} = \frac{220}{77.8} \approx 2.8$，取 $n=3$

输出电流：$I_{L(AV)} = \frac{U_{L(AV)}}{R_L} = \frac{70}{20} = 3.5\text{(A)}$

所以 $I_2 = 1.11 I_{L(AV)} = 1.11 \times 3.5 \approx 3.9\text{(A)}$

变压器容量：$P = U_2 I_2 = 77.8 \times 3.9 \approx 303.4\text{(V·A)}$

每个二极管承受的最大反向电压：$U_{RM} = \sqrt{2}U_2 = \sqrt{2} \times 77.8 \approx 110\text{(V)}$

每个二极管流过的电流：$I_{D(AV)} = \frac{1}{2}I_{L(AV)} = \frac{1}{2} \times 3.5 = 1.75\text{(A)}$

可以选用 2CZ12C 管，其参数为 $I_F = 3\text{A}$，$U_R = 300\text{V}$，满足要求。

5.1.3 倍压整流电路

在电子电路中，有时需要很高的工作电压。如果用变压器进行升压，那么其二次绕组匝数会很多，其体积会增大，对线圈的绝缘程度要求也较高。利用二极管构成的倍压整流电路可以较为方便地实现升压目的。

典型的二倍压整流电路

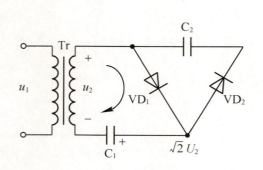
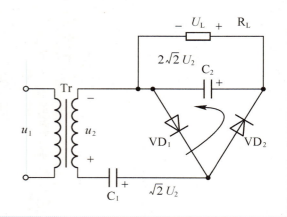

设 $u_2 = \sqrt{2}U_2\sin\omega t$ 在 u_2 的正半周，VD_1 导通，u_2 通过 VD_1 对 C_1 充电，电容 C_1 被充到 u_2 的峰值 $\sqrt{2}U_2$，极性是左负右正。

设 $u_2 = \sqrt{2}U_2\sin\omega t$ 在 u_2 的负半周，VD_2 导通，VD_1 截止，这时 C_1 原来所充的电压与 u_2 的方向一致，它们叠加后为 $u_2 + \sqrt{2}U_2$，通过 VD_2 向 C_2 充电，其两端的电压可达到 $2\sqrt{2}U_2$，如果此时将 R_L 接在 C_2 的两端，则 $U_L \approx U_{C2} = 2\sqrt{2}U_2$

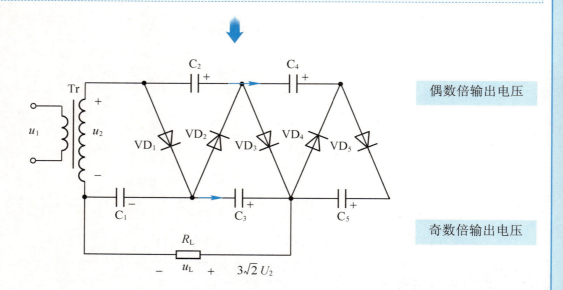

偶数倍输出电压

奇数倍输出电压

若按这样的方法逐步连接，可得到如上图所示的多倍压整流电路。但是，这种电路带负载能力较差，仅适用于高电压小电流且负载固定不变的场合。

5.2 滤波电路

5.2.1 电容滤波电路

整流输出的电压是一个单方向脉动电压，虽然是直流，但脉动较大，在有些设备中不适用（如电镀或蓄电池充电等设备）。为了改善电压的脉动程度，需要在整流后加入滤波电路。

下图所示为单相半波整流电容滤波电路。由于电容两端电压不能突变，因而负载两端的电压也不会突变，使输出电压得以平滑，从而达到滤波的目的。

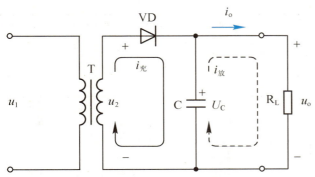

在 u_2 的正半周

二极管 VD 导通，忽略二极管正向压降，则 $u_o = u_2$，这个电压一方面给电容充电，另一方面产生负载电流 i_o，电容 C 上的电压与 u_2 同步增长。当 u_2 达到峰值后，开始下降，$U_C > u_2$，二极管截止，如下图中的 A 点。

电容 C 以指数规律经 R_L 放电，U_C 下降；当放电到 B 点时，$u_2 \geq U_C$，电容再次被充电；到达 C 点后，电容 C 再次经 R_L 放电；通过这种周期性充/放电，可以达到滤波效果。

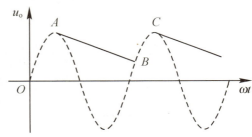

由于电容的不断充/放电，使得输出电压的脉动性变弱，而输出电压的平均值有所提高。输出电压平均值 U_o 的大小显然与 R_L、C 的大小有关：

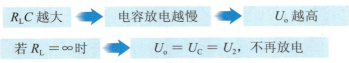

若 $R_L = \infty$ 时 ➡ $U_o = U_C = U_2$，不再放电

当 R_L 很小时，C 放电很快，甚至与 u_2 同步下降，则 $U_o = 0.9U_2$

可见电容滤波电路适用于负载较小的场合。当满足 $R_L C \geq (3\sim 5) T/2$ 时（其中 T 为交流电源电压的周期），则输出电压的平均值为

$$U_o = U_2 \text{（半波）} \quad U_o = 1.2 U_2 \text{（全波）}$$

> **注意**
>
> 开始时，电容 C 上的电压为零。通电后，电源经整流二极管为 C 充电。通电瞬间，二极管流过短路电流，称之为浪涌电流。浪涌电流一般是正常工作电流的 5~7 倍，所以选择二极管时，正向平均电流参数应选得大一些。同时，在整流电路的输出端应串接一个小电阻，以保护整流二极管。

滤波电容的容量较大，一般选用电解电容，并应注意电容的正极性端接高电位，负极性端接低电位；如果接反，则容易导致电容击穿或爆裂。

滤波电容容量与输出电流的关系

输出电流	约2A	约1A	0.5~1A	0.1~0.5A	50~100mA	50mA 以下
滤波电容	4 000μF	2 000μF	1 000μF	500μF	200~500μF	200μF

带有滤波器的整流电路中各电压之间的关系

	输入交流电压（有效值）	负载开路时的输出电压	带负载时的输出电压	每管承受的最大反向电压
半波整流	U_2	$\sqrt{2}U_2$	约 $0.6U_2$	$2\sqrt{2}U_2$
全波整流	U_2	$\sqrt{2}U_2$	约 $1.2U_2$	$2\sqrt{2}U_2$
桥式整流	U_2	$\sqrt{2}U_2$	约 $1.2U_2$	$\sqrt{2}U_2$

5.2.2 电感滤波电路

由于通过电感的电流不能突变，用一个大电感与负载串联，流过负载的电流就不能突变，电流变得平滑，输出电压的波形也就平稳了。其实质是，电感对交流呈现很大的阻抗，频率越高，感抗越大，交流成分绝大部分消耗在电感上；若忽略导线电阻，电感对直流没有电压降，即直流均落在负载上，达到了滤波目的。

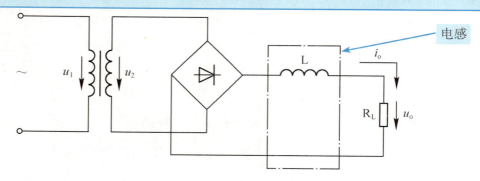

在这种电路中，输出电压的交流成分是整流电路输出电压的交流成分经 X_L 和 R_L 分压的结果，只有 $\omega L \gg R_L$ 时，滤波效果才较好。

输出电压平均值 U_o 一般小于全波整流电路输出电压的平均值 如果忽略电感线圈的导线电阻，则 $U_o \approx 0.9U_2$

虽然电感滤波电路对整流二极管没有电流冲击，但为了使 L 值较大，多采用铁心电感，这就造成电感体积大、笨重，且输出电压的平均值 U_o 较低。

5.2.3 复式滤波电路

为了进一步减小输出电压的脉动程度，可以用电容和铁心电感组成多种形式的复式滤波电路。

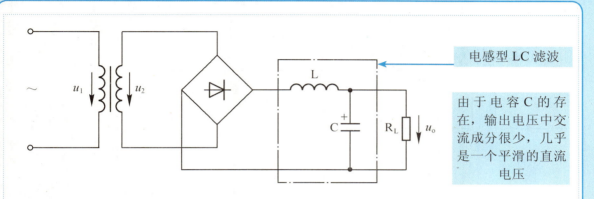

电感型 LC 滤波

由于电容 C 的存在，输出电压中交流成分很少，几乎是一个平滑的直流电压

由于整流后先经过电感 L 滤波，总特性与电感滤波电路相近，故称为电感型 LC 滤波电路。若将电容 C 平移到电感 L 前，则为电容型 LC 滤波电路。

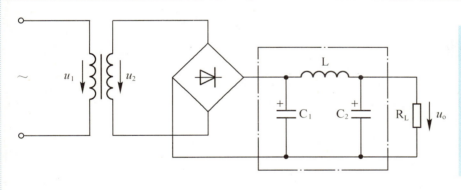

整流输出电压先经过电容 C_1 滤除交流成分，再经过电感 L 滤波后，电容 C_2 上的交流成分极少，因此输出电路几乎是平直的直流电压

由于铁心电感体积大、笨重、成本高、使用不便，因此在负载电流不太大而要求输出脉动很小的场合，可将铁心电感换成电阻，即 RCΠ 型滤波电路。

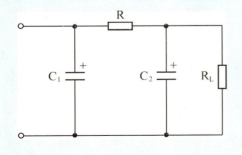

电阻 R 对交流成分和直流成分均产生电压降，因此会使输出电压下降，但只要 $R_L \gg 1/(\omega C_2)$，经电容 C_1 滤波后的输出电压绝大部分就会施加在电阻 R_L 上。R_L 越大，C_2 越大，滤波效果越好。

5.3 直流稳压电路

5.3.1 并联型稳压电路（硅稳压管）

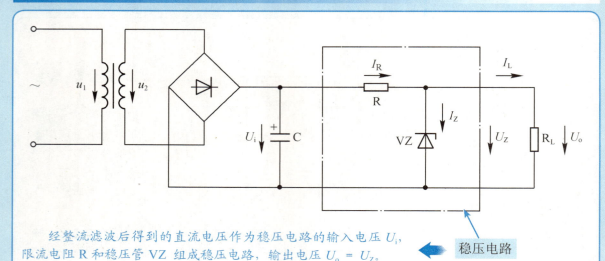

经整流滤波后得到的直流电压作为稳压电路的输入电压 U_i，限流电阻 R 和稳压管 VZ 组成稳压电路，输出电压 $U_o = U_Z$。

在这种电路中，不论是电网电压波动还是负载电阻 R_L 的变化，稳压管稳压电路都能起到稳压作用，因此 U_o 基本恒定。

限流电阻的计算

若要稳压电路输出稳定的电压，必须保证稳压管正常工作。因此，应根据电网电压和负载电阻 R_L 的变化范围，正确地选择限流电阻 R 的大小。

当 U_i 为最小值，I_o 达到最大值时，即 $U_i = U_{imin}$，$I_o = I_{omax}$，这时

$$I_R = \frac{U_{imin} - U_Z}{R}$$

则 $I_Z = I_R - I_{omax}$ 为最小值。为了让稳压管进入稳压区，此时 I_Z 值应大于 I_{Zmin}，即

$$I_Z = (U_{imin} - U_Z)/R - I_{omax} > I_{Zmin}$$

限流电阻的计算

$$R < \frac{U_{imax} - U_Z}{I_Z + I_{omin}}$$

所以限流电阻 R 的取值范围为 $\dfrac{U_{imin} - U_Z}{I_Z + I_{omax}} < R < \dfrac{U_{imax} - U_Z}{I_Z + I_{omin}}$

在此范围内选一个电阻标准系列中的规格电阻即可。

> **确定稳压管参数**
>
> $$U_Z = U_o$$
> $$I_{Zmax} = (1.5 \sim 3)\, I_{omax}$$
> $$U_i = (2 \sim 3)\, U_o$$

5.3.2 串联型稳压电路（三极管）

虽然并联型稳压电路可以使输出电压稳定，但其稳压值不能随意调节，且输出电流较小。为了加大输出电流，使输出电压可调节，常用串联型三极管稳压电路。

由分立元器件组成的串联型稳压电路

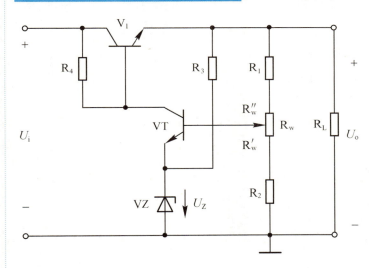

当电网电压波动或负载变化时，可能使输出电压 U_o 上升或下降。为了使输出电压 U_o 不变，可以利用负反馈原理使其稳定。

假设因某种原因使输出电压 U_o 上升，其稳压过程为

$$U_o \uparrow \Rightarrow U_{b2} \uparrow \Rightarrow U_{b1}(U_{c2}) \downarrow \Rightarrow U_o \downarrow$$

串联型稳压电路的输出电压可由 R_w 进行调节：

$$U_o = U_Z \frac{R_1 + R_w + R_2}{R_2 + R'_w} = \frac{U_Z R}{R_2 + R'_w}$$

式中，$R = R_1 + R_w + R_2$，R'_w 是 R_w 下半部分的电阻值。

如果将上图中的放大器件改成集成运算放大器，不仅可以提高放大倍数，而且能提高灵敏度，这样就构成了由运算放大器组成的串联型稳压电路。

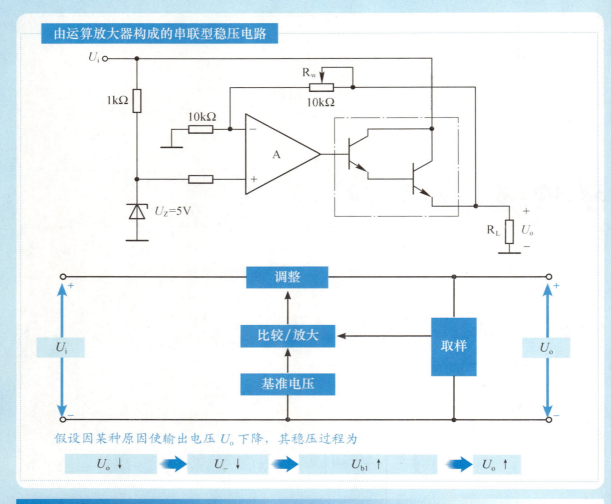

5.3.3 常用三端稳压集成电路

集成稳压器是将取样、基准电压、比较放大、调整及保护环节集成于一个芯片中。按其引出端不同，可将其分为三端固定式稳压集成电路、三端可调式稳压集成电路和多端可调式稳压集成电路等。

三端稳压器有输入端、输出端和公共端（接地）3个接线端点，由于它所需外接元器件较少，便于安装调试，工作可靠，因此在实际使用中得到了广泛应用。其外形如下：

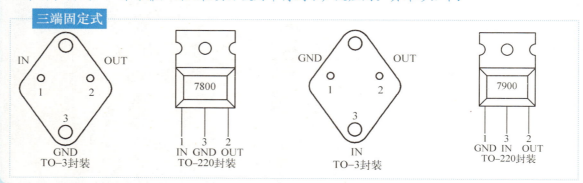

三端可调式

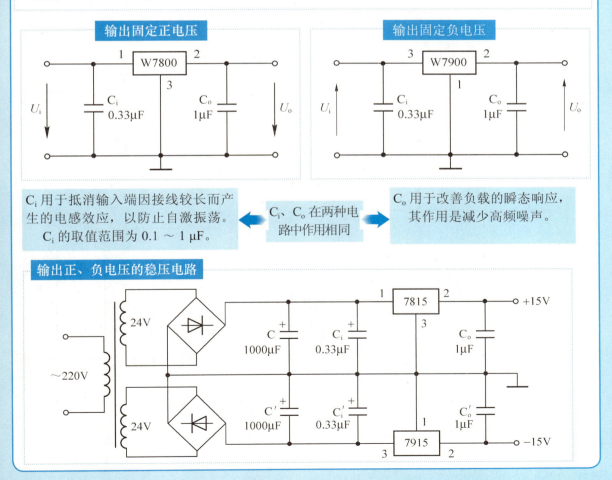

常见的三端固定式稳压集成电路有78ׯ系列和79ׯ系列。其中 78ׯ 系列输出电压为正值，输出电压分为5V、6V、9V、12V、15V、18V、24V；79ׯ 系列输出电压为负值，输出电压分为-5V、-6V、-9V、-12V、-15V、-18V、-24V。在此，"ׯ" 表示输出电压的稳定值。如CW7815，表示其输出+15 V电压（输出电流可达1.5 A）；CW79M12，表示其输出-12 V电压（输出电流为0.5 A）。

输出固定正电压

输出固定负电压

C_i 用于抵消输入端因接线较长而产生的电感效应，以防止自激振荡。C_i 的取值范围为 0.1～1 μF。

← C_i、C_o 在两种电路中作用相同 →

C_o 用于改善负载的瞬态响应，其作用是减少高频噪声。

输出正、负电压的稳压电路

5.4 开关稳压电源

5.4.1 串联降压型开关稳压电源

将直流电压通过半导体开关器件（调整管）转换为高频脉冲电压，经滤波后得到波纹很小的直流输出电压，这种装置称为开关电源。由于调整管工作在开关状态，因此开关电源具有功耗小、效率高、体积小、质量轻等优点，近年来得到广泛应用。

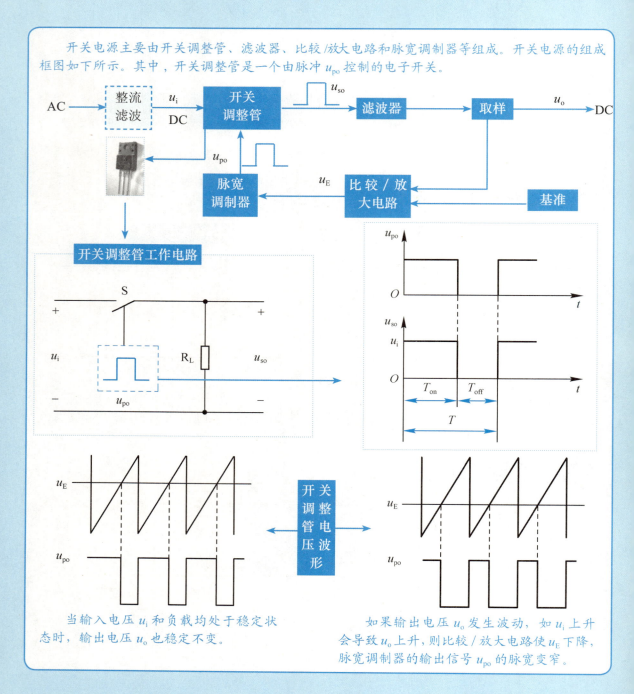

开关电源主要由开关调整管、滤波器、比较/放大电路和脉宽调制器等组成。开关电源的组成框图如下所示。其中，开关调整管是一个由脉冲 u_{po} 控制的电子开关。

当输入电压 u_i 和负载均处于稳定状态时，输出电压 u_o 也稳定不变。

如果输出电压 u_o 发生波动，如 u_i 上升会导致 u_o 上升，则比较/放大电路使 u_E 下降，脉宽调制器的输出信号 u_{po} 的脉宽变窄。

输出电压 u_o 的稳定过程可描述如下：

$$u_o\uparrow \to u_E\downarrow \to u_{po}(脉宽)\downarrow \to T_{on}\downarrow \to u_o\downarrow$$

这种定频调宽控制方法称为脉冲宽度调制（PWM）法。

串联降压型开关稳压电源工作原理图

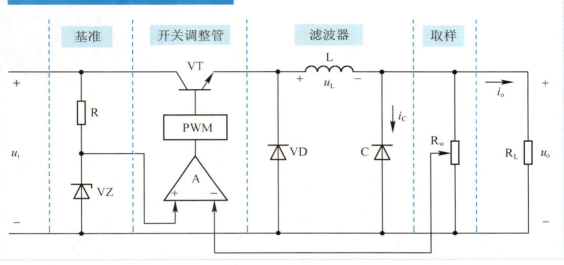

| VT 为开关调整管 | VZ 的稳压值作为基准电压 | R_w 对 u_o 取样，并送入比较/放大环节与基准电压相比较 |

当 VT 导通时 u_i 向负载 R_L 供电，同时也为 L 和 C 充电。当控制信号使 VT 截止时，L 存储的能量通过续流二极管 VD 向负载释放，同时 C 也向负载放电。使负载电流连续的临界电感值为

$$L_C = \frac{R_L(1-\delta)}{2f}$$

滤波电容的容量 滤波电容的容量是根据输出电压的纹波峰值来确定的：

$$C \geqslant \frac{U_1\delta(1-\delta)}{8Lf^2U_{PP}}$$

受滤波器的限制，$\delta U_1 < U_o < U_i$，因此称之为降压型开关电源。

5.4.2 并联升压型开关稳压电源

在并联升压型开关稳压电源中，开关调整管与负载并联，利用电感的自感作用，可以很方便地构成升压电路，如 CRT 显示器的二次电源。

当电源电压升高或负载减小时，输出电压升高，开关调整管的导通时间或导通次数增多，从而使输出电压保持不变。

当电源电压降低或负载增大时，输出电压降低，开关调整管的导通时间或导通次数减少，从而使输出电压保持不变。

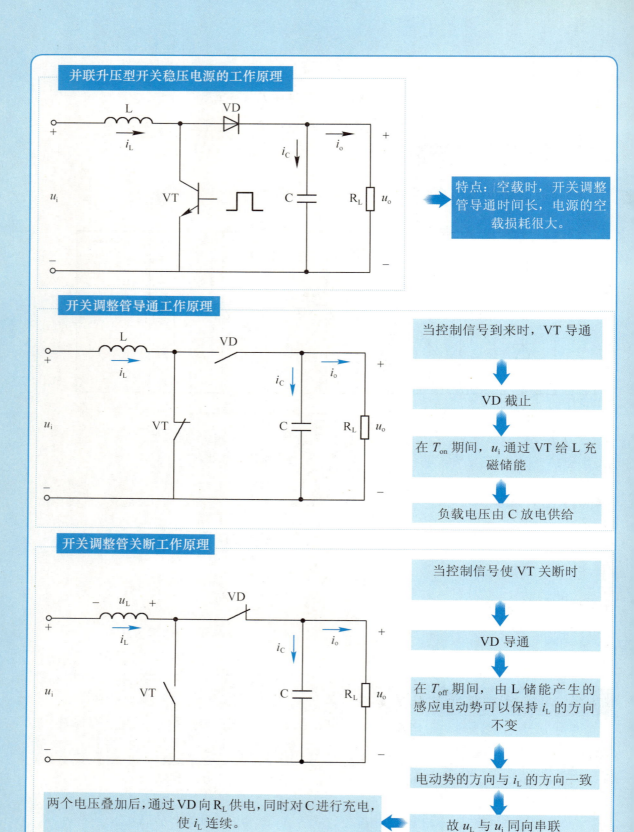

第 6 章

整流电路

6.1 单相整流电路

6.2 三相晶闸管整流电路

6.1 单相整流电路

6.1.1 单相半波整流电路

将交流电转换成直流电的装置称为直流稳压电源。直流稳压电源一般由电压变换电路、整流电路、滤波电路、稳压电路等构成,其中整流电路是直流稳压电源的核心部分。

由二极管组成的整流电路,按所接交流电源相数的不同,可分为单相整流电路和三相整流电路两大类;而按连接方式或整流电压的波形分类,又可分为半波整流电路、全波整流电路和桥式整流电路等。

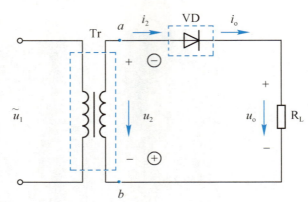

Tr 的作用是将电源的交流电压变换为整流电路所需的交流电压。

为便于分析,假定整流二极管为理想二极管。

设变压器二次电压为

$$u_2 = \sqrt{2}U_2\sin\omega t$$

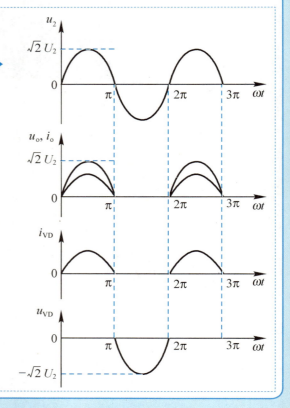

当 u_2 为正半周时,$u_a > u_b$,VD 处于正向偏置而导通(相当于短接),R_L 上的电压为 u_o,电流为 i_o,在正半周期间 $u_o = u_2$。

当 u_2 为负半周时,$u_a < u_b$,VD 处于反向偏置而截止(相当于开路),R_L 中没有电流流过,u_o 等于零。

在 VD 反向偏置期间,u_2 的负半周全部作用在 VD 上。

通过分析可知，由于二极管具有单向导电特性，所以负载电阻只有在 u_2 的正半周才有电流通过，R_L 两端得到的是半波的单向脉动电压，所以称此电路为半波整流电路。

从波形图可以求得输出电压 U_o 的平均值：

$$U_o = \frac{1}{2\pi}\int_0^{2\pi} u_2 \mathrm{d}(\omega t) = \frac{1}{2\pi}\int_0^{\pi} \sqrt{2}U_2\sin\omega t\,\mathrm{d}(\omega t) = \frac{\sqrt{2}}{\pi}U_2 = 0.45U_2$$

U_o 的平均值即为脉动电压的直流分量，上式给出了整流电路的输出电压与变压器二次电压有效值之间的关系。

流过负载 R_L 的电流平均值为

$$I_o = \frac{U_o}{R_L} = 0.45\frac{U_2}{R_L}$$

流过二极管的电流 I_D 等于负载电流 I_o，即

$$I_D = I_o = 0.45\frac{U_2}{R_L}$$

由波形图可见，当 VD 截止时，VD 两端的电压即为变压器二次电压，二极管承受的最大反向电压为

$$U_{RM} = \sqrt{2}U_2 = \sqrt{2}\frac{U_o}{0.45} = 3.14U_o$$

此整流电路电流的有效值为

$$I_2 = \sqrt{\frac{1}{2\pi}\int_0^{\pi} i_o^2 \mathrm{d}(\omega t)} = 1.57 I_o$$

在设计单相半波整流电路时，整流二极管及变压器的选择就要依据以上各量的数值来确定。考虑到交流电压波动等情况，二极管的最大反向电压和最大正向电流应选择得大一些，以保证其安全使用。

单相半波整流电路的优点是结构简单、应用元器件少。但因其输出电压脉动大、平均值低，变压器利用率低，所以此整流电路一般用于功率小、对电压波形要求不高的直流负载情况。

> **实例**
>
> 在单相半波整流电路中，已知负载电阻 $R_L = 600\Omega$，变压器二次电压有效值 $U_2 = 40\mathrm{V}$。求：负载上电流和电压的平均值，以及二极管承受的最大反向电压。
>
>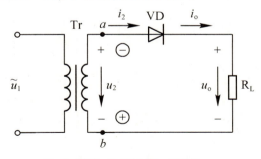
>
> 解：
> $$U_o = 0.45 U_2 = 0.45 \times 40 = 18 (\mathrm{V})$$
> $$I_o = \frac{U_o}{R_L} = \frac{18}{600} = 30 (\mathrm{mA})$$
> $$U_{RM} = \sqrt{2}U_2 = \sqrt{2} \times 40 \approx 56.6 (\mathrm{V})$$

6.1.2 单相桥式整流电路

在单相整流电路中，目前广泛应用的是桥式整流电路。

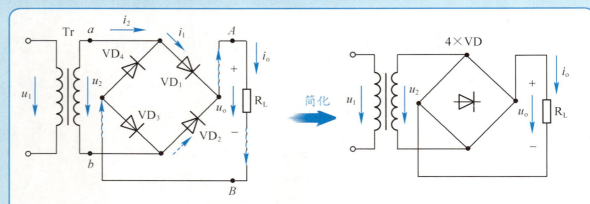

设变压器二次电压为 $u_2=\sqrt{2}U_2\sin\omega t$

当 u_2 为正半周时

a 点电位始终高于 b 点电位，VD_1 和 VD_3 因承受正向电压而导通，VD_2 和 VD_4 承受反向电压而截止，这时电流通路为（参照上图实线）：

$a \Rightarrow VD_1 \Rightarrow A \Rightarrow R_L \Rightarrow B \Rightarrow VD_3 \Rightarrow b$

可见 A 点电位比 B 点电位高，负载 R_L 的端电压方向为上正下负。若将二极管看作理想元器件时（忽略正向导通电压降），输出电压 $u_o=u_2$。

当 u_2 为负半周时

b 点电位始终高于 a 点电位，VD_2 和 VD_4 因承受正向电压而导通，VD_1 和 VD_3 承受反向电压而截止，这时电流通路为（参照上图虚线）：

$b \Rightarrow VD_2 \Rightarrow A \Rightarrow R_L \Rightarrow B \Rightarrow VD_4 \Rightarrow a$

与正半周时一样，A 点电位比 B 点电位高，R_L 的端电压方向仍为上正下负。此时因 A 点与 b 点等电位，B 点与 a 点等电位，所以 $u_o=-u_2$。

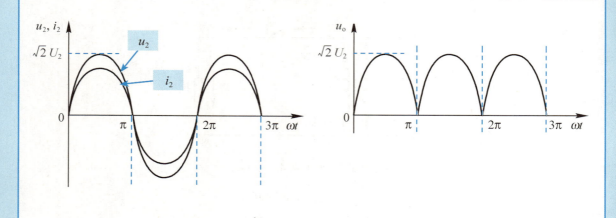

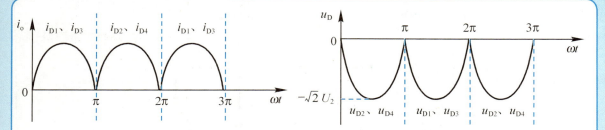

由波形可见，不论变压器二次电压为正半周还是负半周，负载 R_L 上的电压始终为上正下负、始终有电流流过。

桥式整流电路的输出电压 u_o 的平均值为

$$U_o = \frac{1}{\pi}\int_0^\pi u_o \mathrm{d}(\omega t) = \frac{1}{\pi}\int_0^\pi \sqrt{2}U_2 \sin\omega t \mathrm{d}(\omega t)$$

$$= \frac{2\sqrt{2}}{\pi}U_2 \approx 0.9U_2$$

输出电流 i_o 的平均值为

$$I_o = \frac{U_o}{R_L} \approx 0.9\frac{U_2}{R_L}$$

在单相桥式整流电路中，变压器二次电流仍为交流电，其幅值等于输出电流的最大值 I_{om}，其有效值 I_2 与 I_o 之间的关系为

$$I_o = \frac{U_o}{R_L} = \frac{2\sqrt{2}}{\pi}\frac{U_2}{R_L} \approx 0.9I_2 \qquad 或 \quad I_2 \approx 1.11I_o$$

由波形图可知，每个二极管在交流电一个周期内仅导通半个周期，所以每个二极管中流过的电流平均值为负载平均电流的 50%，即

$$I_D = \frac{1}{2}I_o = 0.45\frac{U_L}{R_L} = 0.45I_2$$

每个二极管承受的最大反向电压为 u_2 的最大值，即

$$U_{RM} = \sqrt{2}U_2$$

上面这两个公式可用于选择二极管。

实例

有一个单相桥式整流电路，要求输出 110V 的直流电压和 3A 的直流电流。求电源变压器的二次电压和二次电流，以及整流元件所要承受的最大反向电压，并选择二极管型号。

解：由 u_o 平均值的公式可得 $U_2 = \frac{U_o}{0.9} = \frac{110}{0.9} \approx 122(V)$

考虑到整流元件的正向压降和电源变压器的阻抗压降，二次侧空载电压 u_{20} 选得大一些。假设

$$U_{2o} = 1.1U_2 = 1.1 \times 122 \approx 134(V)$$

变压器二次电流有效值为

$$I_2 = 1.1I_o = 1.1 \times 3 \approx 3.3(A)$$

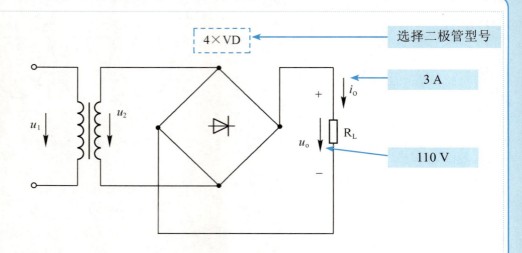

整流元件所承受的最大反向电压为

$$U_{RM}=\sqrt{2}U_2=\sqrt{2}\times 134\approx 189(V)$$

整流元件流过的电流平均值为

$$I_D=\frac{1}{2}I_o=\frac{1}{2}\times 3=1.5(A)$$

通过查元器件手册，可选用 2C212D 型二极管，其最高反向电压为 300 V，最大整流电流为 3 A。为保证工作的可靠性，选择二极管时应留有裕量。

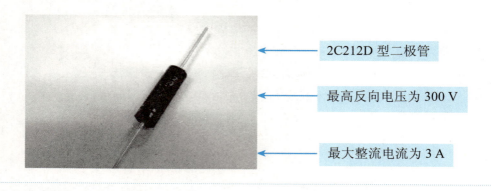

>> 特殊提示

与单相半波整流电路相比，虽然单相桥式整流电路只增加了 3 个二极管，但其性能却有显著提高——变压器利用率较高，输出电压平均值大（是半波的 2 倍），脉动程度明显减小。现在普遍采用硅整流桥堆来代替 4 个分立的二极管。硅整流桥堆是将 4 个二极管集成在一起，不仅简化了实际接线，而且保证了各个二极管的性能比较接近，工作可靠。

6.2 三相晶闸管整流电路

对于大功率整流，如果采用单相整流电路，会造成三相供电线路负载不对称，影响供电质量，因而多采用三相晶闸管整流电路。在某些场合，虽然整流功率不大，但为得到脉动程度更小的整流电压，也采用三相晶闸管整流电路。汽车上的三相交流发电机采用的就是三相晶闸管整流电路。

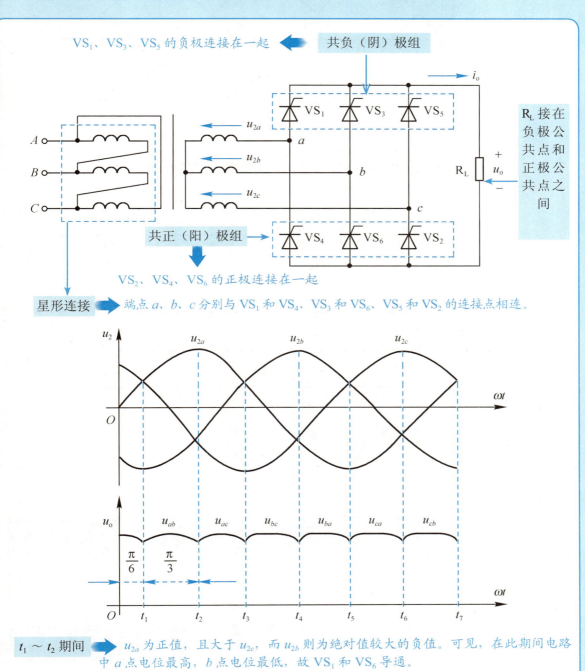

$t_1 \sim t_2$ 期间 ➡ u_{2a} 为正值，且大于 u_{2c}，而 u_{2b} 则为绝对值较大的负值。可见，在此期间电路中 a 点电位最高，b 点电位最低，故 VS_1 和 VS_6 导通。

109

VS₁ 导通 ➡ VS_3 和 VS_5 负极电位近似等于 a 点电位，而它们的正极电位则分别等于 b 点电位和 c 点电位，即 VS_3、VS_5 承受反向电压而截止。通过分析可绘制如下图形。

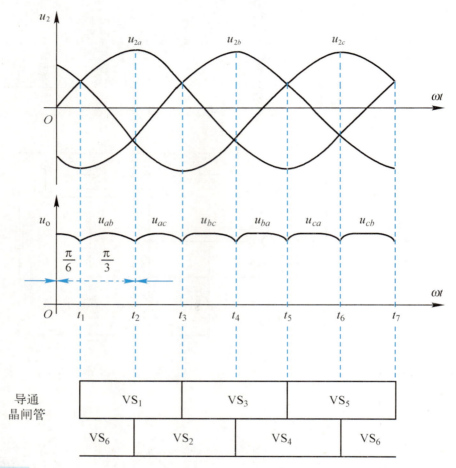

在 $t_1 \sim t_2$ 期间

| 1 电流从变压器的 a 端流出 | 2 经过 VS_1、R_L 和 VS_6 | 3 到 b 点流回变压器 | 若忽略 VS_1 和 VS_6 的正向压降，可认为加在负载 R_L 上的电压 u_o 等于变压器二次侧线电压 u_{ab}。|

在 $t_2 \sim t_3$ 期间

| 1 a 点电位仍然最高，c 点电位最低，故 VS_1、VS_2 导通 | 2 其他二极管均截止 | 3 电流仍从变压器 a 端流出 | 4 经 VS_1、R_L 和 VS_2，流回到 c 点 |

这段时间内，加在负载 R_L 上的电压 u_o 是 a、c 之间的线电压 u_{ac}。

在 $t_3 \sim t_4$ 期间

| 1 b 点电位变为最高，c 点电位仍然最低，故 VS_3、VS_2 导通 | 2 加在负载 R_L 上的电压 $u_o=u_{bc}$。其余各段时间内电路的工作情况可依此类推。|

为了说明各晶闸管的工作情况,将波形中的一个周期等分为 6 段,每段为 60°,如下图所示。现以 $\alpha=0$ 时的波形为例进行介绍,每一段中导通的晶闸管及整流输出电压的情况见下表。由该表可见,6 个晶闸管的导通顺序为 $VS_1 \rightarrow VS_2 \rightarrow VS_3 \rightarrow VS_4 \rightarrow VS_5 \rightarrow VS_6$。

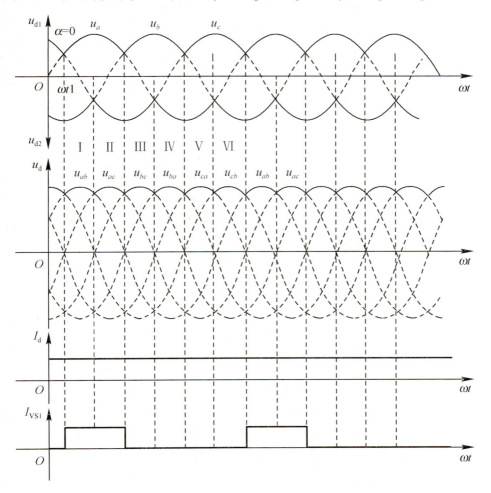

时　　段	Ⅰ	Ⅱ	Ⅲ	Ⅳ	Ⅴ	Ⅵ
共阴极组中导通的晶闸管	VS_1	VS_1	VS_3	VS_3	VS_5	VS_5
共阳极组中导通的晶闸管	VS_6	VS_2	VS_2	VS_4	VS_4	VS_6
整流输出电压 u_d	$u_a-u_b=u_{ab}$	$u_a-u_c=u_{ac}$	$u_b-u_c=u_{bc}$	$u_b-u_a=u_{ba}$	$u_c-u_a=u_{ca}$	$u_c-u_b=u_{cb}$

由晶闸管轮换导通情况和负载电压波形可以看出，每个晶闸管在每个周期(T)中导通$T/3$时间，即导通$2\pi/3$。

通过前述分析可以看出，无论哪一对晶闸管导通，u_o的方向总是从VS_1、VS_3、VS_5的负极公共点指向VS_3、VS_4、VS_6的正极公共点。

u_o最大值等于变压器二次绕组线电压的最大值，它的最小值可由波形图求得。

它对应的相位角偏离它的最大值$\pi/6$，所以u_o的最小值为线电压的87%。由此可见，输出电压的最大值与最小值相差很小，脉动程度明显减小。

若以U_2表示变压器二次侧相电压的有效值，则三相晶闸管整流电路输出电压的平均值为

$$U_o = \frac{1}{\frac{\pi}{3}} \int_{-\frac{\pi}{6}}^{+\frac{\pi}{6}} \sqrt{3} \times \sqrt{2} U_2 \cos\omega t \, d(\omega t) = \frac{3}{\pi} \times \sqrt{3} \times \sqrt{2} \times U_2$$

由上式可得

$$U_o \approx 2.34 U_2 \quad \text{或} \quad U_2 \approx 0.43 U_o$$

负载电流i_o的平均值为

$$I_o = \frac{U_o}{R_L} = \frac{2.34 U_2}{R_L} = 2.34 I_2$$

由于每个晶闸管在每个周期内的导通时间仅有1/3周期，故通过它的电流平均值为

$$I_D = I_o / 3$$

各个晶闸管所承受的最大反向电压是变压器二次侧线电压的最大值，即

$$U_{RM} = \sqrt{2} \times \sqrt{3} U_2 \approx 2.45 U_2 \approx 1.05 U_o$$

如果直接用线电压为380V的三相供电线路作为三相桥式整流电路的交流电源，则

$$U_o = 2.34 U_2 = 2.34 \times \frac{380}{\sqrt{3}} \approx 514(V)$$

>> 特别提示

习惯上希望晶闸管按从1至6的顺序导通，为此应将晶闸管按本节开头中的电路图所示的顺序编号，即共阴极组中与a、b、c三点相接的3个晶闸管分别为VS_1、VS_3、VS_5，共阳极组中与a、b、c三点相接的3个晶闸管分别为VS_4、VS_6、VS_2。

第 7 章

直流-直流变流电路

7.1 基本斩波电路

7.2 复合斩波电路和多相多重斩波电路

7.3 带隔离变压器的直流变流电路

7.1 基本斩波电路

7.1.1 降压斩波电路

直流斩波电路 (DC Chopper) 的功能是将直流电变换为另一固定电压或可调电压的直流电，也称为直接直流—直流变换器 (DC/DC Converter)。直流斩波电路的种类较多，有 6 种基本斩波电路，即降压斩波电路、升压斩波电路、升/降压斩波电路、Cuk 斩波电路、Sepic 斩波电路和 Zeta 斩波电路，其中前两种是最基本的电路。

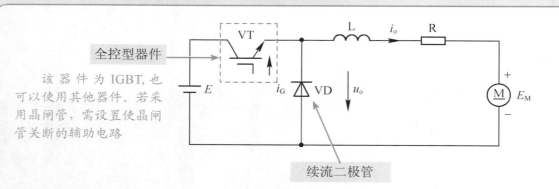

全控型器件 → 该器件为 IGBT，也可以使用其他器件。若采用晶闸管，需设置使晶闸管关断的辅助电路

续流二极管

斩波电路的典型用途之一是驱动直流电动机，也可带蓄电池负载，这两种情况下负载中均会出现反电动势，如图中 E_M。当负载中无反电动势时，仅需令 $E_M=0$，则下述分析及表达式均可适用。

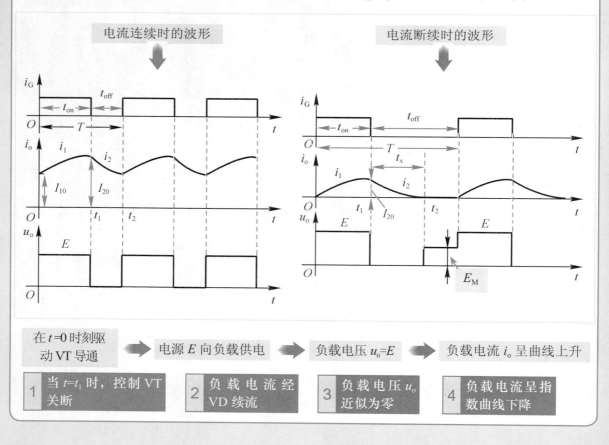

在 $t=0$ 时刻驱动 VT 导通 ⇒ 电源 E 向负载供电 ⇒ 负载电压 $u_o=E$ ⇒ 负载电流 i_o 呈曲线上升

1. 当 $t=t_1$ 时，控制 VT 关断
2. 负载电流经 VD 续流
3. 负载电压 u_o 近似为零
4. 负载电流呈指数曲线下降

为了使负载电流连续且脉动小，通常串接 L 值较大的电感。一个周期 T 结束后，再次驱动 VT 导通，重复上一周期的过程。当电路工作于稳态时，负载电流在一个周期的初值和终值相等。

负载电压的平均值为 $U_o = \dfrac{t_{on}}{t_{on}+t_{off}} E = \dfrac{t_{on}}{T} E = \alpha E$

t_{on} 为 VT 处于通态的时间　　t_{off} 为 VT 处于断态的时间　　T 为开关周期　　α 为导通占空比，简称占空比或导通比

由此式可知，输出到负载的电压最大平均值 U_o 为 E；若减小占空比 α，则 U_o 随之减小。

因此该电路称为降压斩波电路，或者称为 Buck 变换器 (Buck Converter)。

负载电流平均值为　　$I_o = \dfrac{U_o - E_M}{R}$

根据对输出电压平均值进行调制的方式不同，斩波电路可有如下 3 种控制方式。

(1) 保持开关周期 T 不变，调节开关导通时间 t_{on}，称之为脉冲宽度调制 (Pulse Width Modulat1on，PWM) 型或脉冲调宽型。

(2) 保持开关导通时间 t_{on} 不变，改变开关周期 T，称之为频率调制或调频型。

(3) t_{on} 和 T 均可调，使占空比改变，称之为混合型。

何为 IGBT？

简单来说，IGBT 就是一个电路开关，用在电压为数十伏到数百伏量级、电流为数十安到数百安量级的强电上。

IGBT 的开关状态是由电压控制的。IGBT 的简化模型有 3 个接口，有两个（集电极和发射极）接在强电电路上，还有一个接收控制电信号，称为门极。给门极一个高电平信号，开关（集电极与发射极之间）就接通了；再给一个低电平信号，开关就断开了。给门极的信号是数字信号（即只有高和低两种状态），电压很低，属于弱电，仅需一个比较简单的驱动电路即可。

在 VT 处于通态期间，设负载电流为 i_1，可列出如下方程：

$$L \dfrac{di_1}{dt} + R i_1 + E_M = E$$

设此阶段电流初值为 I_{10}，$\tau = L/R$，解上式可得

$$i_1 = I_{10} e^{-\frac{t}{\tau}} + \dfrac{E - E_M}{R}(1 - e^{-\frac{t}{\tau}})$$

在 VT 处于断态期间，设负载电流为 i_2，可列出如下方程：

$$L \dfrac{di_2}{dt} + R i_2 + E_M = 0$$

设此阶段电流初值为 I_{20}，解上式可得

$$i_2 = I_{20} e^{-\frac{t-t_\infty}{\tau}} - \dfrac{E_M}{R}(1 - e^{-\frac{t-t_\infty}{\tau}})$$

当电流连续时，有 $I_{10}=i_2(t_2)$ $I_{20}=i_1(t_1)$

即 VT 进入通态时的电流初值，就是 VT 在断开阶段结束时的电流值；VT 进入断态时的电流初值，就是 VT 在通态阶段结束时的电流值。

由前述 i_{10}、i_{20} 的计算公式可求得

$$I_{10}=\left(\frac{e^{t_1/\tau}-1}{e^{T/\tau}-1}\right)\frac{E}{R}-\frac{E_M}{R}=\left(\frac{e^{\alpha\rho}-1}{e^{\rho}-1}-m\right)\frac{E}{R} \quad I_{20}=\left(\frac{1-e^{-t_1/\tau}}{1-e^{-T/\tau}}\right)\frac{E}{R}-\frac{E_M}{R}=\left(\frac{1-e^{-\alpha\rho}}{1-e^{-\rho}}-m\right)\frac{E}{R}$$

式中， $\rho=T/\tau$； $m=E_M/E$； $t_1/\tau=\left(\frac{t_1}{T}\right)\bigg/\left(\frac{T}{\tau}\right)=\alpha\rho$。

由电流连续时的波形图可知，I_{10} 和 I_{20} 分别是负载电流瞬时值的最小值和最大值。

将 i_{10} 和 i_{20} 的计算公式用泰勒级数近似，可得

$$I_{10}\approx I_{20}\approx \frac{(\alpha-m)E}{R}=I_o$$

上式表示了平波电抗 L 为无穷大、负载电流完全平直时的负载电流平均值 I_o，此时负载电流最大值、最小值均等于平均值。

以上关系还可简单地从能量传递关系推得：

由于 L 为无穷大 ➡ 负载电流维持为 I_o 不变 ➡ 电源仅在 VT 处于通态时提供能量 $EI_o t_{on}$

从负载看，在整个周期 VT 中负载一直在消耗能量，消耗的能量为 $RI_o^2 T + E_M I_o T$

在一个周期中，忽略电路中的损耗，则电源提供的能量与负载消耗的能量相等，即

$$EI_o t_{on} = RI_o^2 T + E_M I_o T$$

在上述情况中，均假设 L 为无穷大，且负载电流平直。在这种情况下，假设电源电流平均值为 I_1，则有 $I_1=\frac{t_{on}}{T}I_o=\alpha I_o$，其值不大于负载电流 I_o，由上式得

$$EI_1=\alpha EI_o=U_o I_o$$

即输出功率等于输入功率，因此可将降压斩波器看作直流降压变压器。

若 L 值较小

假如负载中 L 值较小，则有可能出现负载电流断续的情况。利用与前述类似的分析方法，可对电流断续的情况进行分析。电流断续时，$I_{10}=0$，且 $t=t_{on}+t_x$，$i_2=0$，利用前述 i_{10} 和 i_{20} 的计算公式可求得 t_x：

$$t_x=\tau\ln\left[\frac{1-(1-m)e^{-\alpha\rho}}{m}\right]$$

电流断续时，$t_x<t_{off}$，由此得出电流断续的条件为 $m>\frac{e^{\alpha\rho}-1}{e^{\rho}-1}$，对于电路的具体工况，可依据此式判断负载电流是否连续。

在负载电流断续工作的情况下，负载电流一旦降到零，VD 即被关断，负载两端电压等于 E_M，输出电压平均值为 $U_o=\frac{t_{on}E+(T-t_{on}-t_x)E_M}{T}=\left[\alpha+\left(1-\frac{t_{on}+t_x}{T}\right)m\right]E$。

此时负载电流平均值为

$$I_o=\frac{1}{T}\left(\int_0^{t_{on}}i_1 dt+\int_0^{t_x}i_2 dt\right)=\left(\alpha-\frac{t_{on}+t_x}{T}m\right)\frac{E}{R}=\frac{U_o-E_M}{R}$$

7.1.2 升压斩波电路

电路图

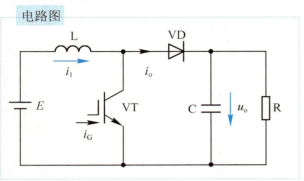

波形图

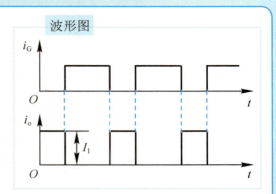

假设电路中电感 L 值很大，电容 C 值也很大。

当 VT 处于通态时

1. 电源向 L 充电
2. 充电电流基本恒定为 I_1
3. C 上的电压向 R 供电
4. 因 C 值很大，基本保持输出电压 u_o 为恒定值

设 VT 处于通态的时间为 t_{on}，此阶段 L 上积蓄的能量为 $EI_1 t_{on}$。

当 VT 处于断态时

1. 电源和 L 共同向 C 充电
2. 向 R 提供能量

设 VT 处于断态的时间为 t_{off}，此期间 L 释放的能量为 $(U_o-E)I_1 t_{off}$。当电路工作于稳态时，一个周期 T 中 L 积蓄的能量与释放的能量相等，即

$$EI_1 t_{on} = (U_o - E) I_1 t_{off} \quad 化简后得 \quad U_o = \frac{t_{on}+t_{off}}{t_{off}} E = \frac{T}{t_{off}} E$$

式中，$T/t_{off} \geq 1$。由此可知，输出电压不小于电源电压，故称该电路为升压斩波电路或 Boost 变换器（Boost Converter）。

上式中，T/t_{off} 表示升压比，调节其大小，即可改变输出电压 U_o 的大小，调节的方法与 7.1.1 节中介绍的改变导通比 α 的方法类似。将升压比的倒数记作 β，即 $\beta = \frac{t_{off}}{T}$，则 β 与导通比 α 的关系为 $\alpha + \beta = 1$，因此 U_o 又可表示为

$$U_o = \frac{1}{\beta} E = \frac{1}{1-\alpha} E$$

升压斩波电路输出电压高于电源电压的原因

1. L 储能后具有使电压泵升的作用
2. 电容 C 可将输出电压保持住

在以上分析中，认为在 VT 处于通态期间，因电容 C 的作用使得输出电压 U_o 不变，但实际上 C 值不可能为无穷大，在此阶段它向负载放电，U_o 必然会有所下降，因此实际输出电压会略低于 U_o 的计算所得结果，但在电容 C 值足够大时，误差很小，基本可以将其忽略。

如果忽略电路中的损耗，则由电源提供的能量仅由负载 R 消耗，即

$$EI_1 = U_o I_o$$

该式表明，与降压斩波电路类似，升压斩波电路也可看作直流升压变压器。

根据电路结构并结合 U_o 计算公式，得出输出电流的平均值 I_o 为

$$I_o = \frac{U_o}{R} = \frac{1}{\beta} \frac{E}{R}$$

由 $EI_1 = U_o I_o$ 可知，电源电流 I_1 为

$$I_1 = \frac{U_o}{E} I_o = \frac{1}{\beta^2} \frac{E}{R}$$

目前典型的升压斩波电路主要用于直流电动机传动，单相功率因数校正（Power Factor Correction，PFC）电路，以及其他交直流电源中。

升压斩波电路用于直流电动机传动

通常是在直流电动机再生制动时，将电能回馈给直流电源，此时的电路及工作波形如下图所示。

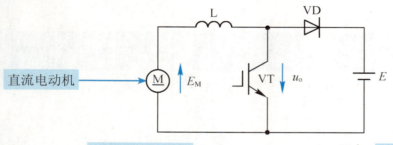

由于实际电路中 L 值不可能为无穷大，因此该电路和降压斩波电路类似，也分为电动机电枢电流连续和断续两种工作状态。

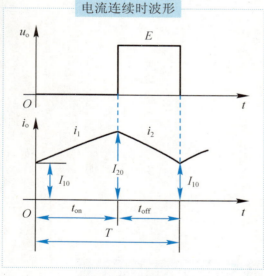

电流连续时波形

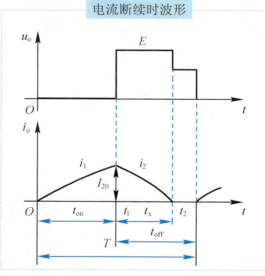

电流断续时波形

当 VT 处于通态时，设电动机电枢电流为 i_1，则

$$L \frac{di_1}{dt} + R i_1 = E_M$$

式中，R 为电动机电枢回路电阻与线路电阻之和。

设 i_1 的初值为 I_{10}，解上式可得

$$i_1 = I_{10} e^{-\frac{t}{\tau}} + \frac{E_M}{R}\left(1 - e^{-\frac{t}{\tau}}\right)$$

当 VT 处于断态时，设电动机电枢电流为 i_2，则

$$L\frac{\mathrm{d}i_2}{\mathrm{d}t} + Ri_2 = E_M - E$$

设 i_2 的初值为 I_{20}，解上式可得

$$i_2 = I_{20}\mathrm{e}^{-\frac{t-t_\infty}{\tau}} - \frac{E-E_M}{R}\left(1-\mathrm{e}^{-\frac{t-t_\infty}{\tau}}\right)$$

当 $t=t_\infty$ 时

当电流连续时，由连续的电流波形可看出，$t=t_\infty$ 时 $i_1=I_{20}$，$t=T$ 时 $i_2=I_{10}$，由此可得

$$I_{20} = I_{10}\mathrm{e}^{-\frac{t_\infty}{\tau}} + \frac{E_M}{R}\left(1-\mathrm{e}^{-\frac{t_\infty}{\tau}}\right) \qquad I_{10} = I_{20}\mathrm{e}^{-\frac{t_\mathrm{off}}{\tau}} - \frac{E-E_M}{R}\left(1-\mathrm{e}^{-\frac{t_\mathrm{off}}{\tau}}\right)$$

由以上两式可得

$$I_{10} = \frac{E_M}{R} - \left(\frac{1-\mathrm{e}^{-\frac{t_\mathrm{off}}{\tau}}}{1-\mathrm{e}^{-\frac{T}{\tau}}}\right)\frac{E}{R} = \left(m - \frac{1-\mathrm{e}^{-\beta\rho}}{1-\mathrm{e}^{-\rho}}\right)\frac{E}{R}$$

$$I_{20} = \frac{E_M}{R} - \left(\frac{\mathrm{e}^{-\frac{t_\infty}{\tau}} - \mathrm{e}^{-\frac{T}{\tau}}}{1-\mathrm{e}^{-\frac{T}{\tau}}}\right)\frac{E}{R} = \left(m - \frac{\mathrm{e}^{-\alpha\rho} - \mathrm{e}^{-\rho}}{1-\mathrm{e}^{-\rho}}\right)\frac{E}{R}$$

与前述降压斩波电路一样，将上面两式用泰勒级数线性近似，可得

$$I_{10} = I_{20} = (m-\beta)\frac{E}{R}$$

该式表示了 L 值为无穷大时电枢电流的平均值 I_o，即

$$I_o = (m-\beta)\frac{E}{R} = \frac{E_M - \beta E}{R}$$

该式表明，以电动机一侧为基准，可将直流电源电压看作被降低到了 βE。

当 $t=0$ 时

当电流连续时，由连续的电流波形可看出，$t=0$ 时 $i_1=I_{10}=0$，由此即可求出 I_{20}，进而可写出 i_2 的表达式。另外，当 $t=t_2$ 时，$i_2=0$，由此可求得 i_2 持续的时间 t_x，即

$$t_x = \tau\ln\frac{1-m\mathrm{e}^{-\frac{t_\infty}{\tau}}}{1-m}$$

当 $t_x < t_\mathrm{off}$ 时，电路为电流断续工作状态，$t_x < t_\mathrm{off}$ 是电流断续的条件，即

$$m < \frac{1-\mathrm{e}^{-\beta\rho}}{1-\mathrm{e}^{-\rho}}$$

根据上述公式即可判断电路的工作状态。

7.1.3 升/降压斩波电路

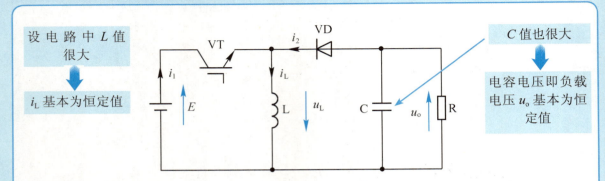

	当 VT 处于通态时			
1	电源经 VT 向 L 供电，使其存储能量	2	此时电流为 i_1，方向如上图所示	3 电容 C 维持输出电压基本恒定，并向 R 供电

	当 VT 处于断态时			
1	电感 L 中存储的能量向 R 释放	2	此时电流为 i_2，方向如上图所示	3 电容 C 维持输出电压基本恒定，并向 R 供电

可见，负载电压极性为上负下正，与电源电压的极性相反，与前述降压斩波电路和升压斩波电路的情况正好相反，因此该电路又称反极性斩波电路。

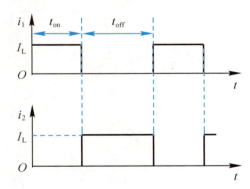

稳态时，一个周期 T 内 L 两端电压 u_L 对时间的积分为零，即

$$\int_0^T u_L \mathrm{d}t = 0$$

当 VT 处于通态时，$u_L=E$；而当 VT 处于断态时，$u_L=-u_o$。于是 $Et_{on}=U_o t_{off}$
所以输出电压为

$$U_o = \frac{t_{on}}{t_{off}} E = \frac{t_{on}}{T-t_{on}} E = \frac{\alpha}{1-\alpha} E$$

若改变导通比 α，则输出电压既可以比电源电压高，也可以比电源电压低。当 $0<\alpha<1/2$ 时为降压，当 $1/2<\alpha<1$ 时为升压，因此将该电路称为升/降压斩波电路或 Boost-Buck 变换器 (Boost-Buck Converter)。

若电源电流 i_1 和负载电流 i_2 的平均值分别为 I_1 和 I_2,当电流脉动足够小时,有

$$\frac{I_1}{I_2} = \frac{t_{on}}{t_{off}} \quad \text{由此可得} \quad I_2 = \frac{t_{off}}{t_{on}} I_1 = \frac{1-\alpha}{\alpha} I_1$$

如果 VT、VD 均为没有损耗的理想元件,则 $EI_1 = U_o I_2$,其输出功率和输入功率相等,可将其看作直流变压器。

7.1.4 Cuk 斩波电路

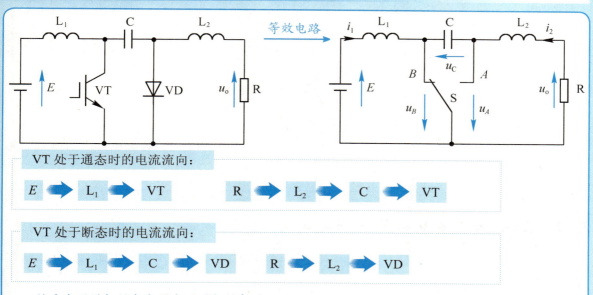

VT 处于通态时的电流流向:

$E \Rightarrow L_1 \Rightarrow VT \qquad R \Rightarrow L_2 \Rightarrow C \Rightarrow VT$

VT 处于断态时的电流流向:

$E \Rightarrow L_1 \Rightarrow C \Rightarrow VD \qquad R \Rightarrow L_2 \Rightarrow VD$

输出电压的极性与电源电压的极性相反。

在该电路中,稳态时电容 C 的电流在一个周期内的平均值应为零,也就是其对时间的积分为零,即

$$\int_0^T i_C \mathrm{d}t = 0$$

由等效电路可知,开关 S 合向 B 点的时间就是 VT 处于通态的时间 t_{on},此时电容电流与时间的乘积为 $I_2 t_{on}$;开关 S 合向 A 点的时间为 VT 处于断态的时间 t_{off},此时电容电流与时间的乘积为 $I_1 t_{off}$。由此可得 $I_2 t_{on} = I_1 t_{off}$,从而可得

$$\frac{I_2}{I_1} = \frac{t_{off}}{t_{on}} = \frac{T - t_{on}}{t_{on}} = \frac{1-\alpha}{\alpha}$$

当电容 C 很大,使电容电压 u_C 的脉动足够小时,输出电压 U_o 与输入电压 E 的关系可用以下方法求出。

当开关 S 合到 B 点时 $\Rightarrow$ B 点电压 $u_B = 0$ $\Rightarrow$ A 点电压 $u_A = -u_C$

因此，B 点电压 u_B 的平均值为

$$U_B = \frac{t_{\text{off}}}{T} U_C$$

式中，U_C 为电容电压 u_C 的平均值。又因电感 L_1 上的电压平均值为零，所以

$$E = U_B = \frac{t_{\text{off}}}{T} U_C$$

当 S 合到 A 点时 ➡ = U_C ➡ =0

A 点的电压平均值为 $U_A = -\frac{t_{\text{on}}}{T} U_C$，且 L_2 上的电压平均值为零，按上页电路图的等效电路中输出电压 u_o 的极性，有 $U_o = \frac{t_{\text{on}}}{T} U_C$。于是可得输出电压 U_o 与电源电压 E 的关系为

$$U_o = \frac{t_{\text{on}}}{t_{\text{off}}} E = \frac{t_{\text{on}}}{T - t_{\text{on}}} E = \frac{\alpha}{1-\alpha} E$$

这一输入/输出关系与升/降压斩波电路时的情况相同。与升/降压斩波电路相比，Cuk 斩波电路有一个明显的优点，即其输入电源电流和输出负载电流都是连续的，且脉动很小，这有利于对输入、输出进行滤波。

7.1.5 Sepic 斩波电路和 Zeta 斩波电路

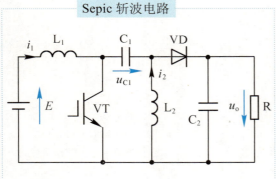

Sepic 斩波电路的输入/输出关系为

$$U_o = \frac{t_{\text{on}}}{t_{\text{off}}} E = \frac{t_{\text{on}}}{T - t_{\text{on}}} E = \frac{\alpha}{1-\alpha} E$$

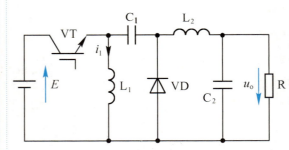

Zeta 斩波电路的输入/输出关系为

$$U_o = \frac{\alpha}{1-\alpha} E$$

这两种电路具有相同的输入/输出关系，但 Sepic 电路中的输入电流和负载电流均为连续的（有利于输入、输出滤波），而 Zeta 电路的输入电流、输出电流均为断续的。另外，与前文所述的两种电路相比，这两种电路的输出电压是正极性的，且输入/输出关系相同。

7.2 复合斩波电路和多相多重斩波电路

7.2.1 电流可逆斩波电路

利用 7.1 节介绍的降压斩波电路和升压斩波电路的组合,即可构成复合斩波电路。此外,对相同结构的基本斩波电路进行组合,可以构成多相多重斩波电路,从而使斩波电路的整体性能得到提高。

这里介绍的电流可逆斩波电路是将降压斩波电路与升压斩波电路组合在一起,在拖动直流电动机时,电动机的电枢电流可正可负,但电压只能是一种极性,因此它可以工作于第 1 象限和第 2 象限。

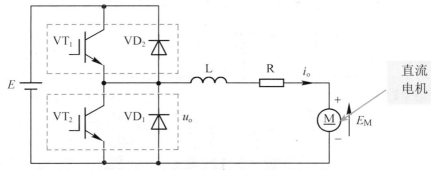

VT$_1$ 和 VD$_1$ 构成降压斩波电路

VT$_2$ 和 VD$_2$ 构成升压斩波电路

1. VT$_1$ 和 VD$_1$ 构成降压斩波电路,由电源向直流电机供电,电机为电动运行,工作于第 1 象限。

2. VT$_2$ 和 VD$_2$ 构成升压斩波电路,将直流电机的动能转变为电能反馈到电源,使电机作再生制动运行,工作于第 2 象限。

注意,若 VT$_1$ 和 VT$_2$ 同时导通,将导致电源短路,进而损坏电路中的开关器件或电源,因此必须防止出现这种情况。

当电路只作降压斩波器运行时 ➡ VT$_2$ 和 VD$_2$ 总处于断态

当电路只作升压斩波器运行时 ➡ VT$_1$ 和 VD$_1$ 总处于断态

降压斩波电路和升压斩波电路在一个周期内交替地工作

1. 当降压斩波电路的 VT$_1$ 关断后
2. 由于积蓄的能量少,在较短时间内电抗器 L 的储能即可释放完毕,电枢电流为零
3. 这时使 VT$_2$ 导通
4. 由于电机反电动势 E_M 的作用,使电枢电流反向流过,电抗器 L 积蓄能量
5. 待 VT$_2$ 关断后,由于 L 的能量和 E_M 共同作用使 VD$_2$ 导通,向电源反送能量
6. 当反向电流变为零,即 L 积蓄的能量释放完毕时,再次使 VT$_1$ 导通,又有正向电流流通

如此循环,两个斩波电路交替工作。这样,在一个周期内,电枢电流沿正、负两个方向流通,电流不断,所以响应很快。

7.2.2 桥式可逆斩波电路

虽然电流可逆斩波电路可使电机的电枢电流可逆,实现电机的两象限运行,但其所能提供的电压极性是单向的。当需要电机进行正、反转,既可电动又可制动的场合,就必须将两个电流可逆斩波电路组合起来,分别向电机提供正向和反向电压,从而形成桥式可逆斩波电路。

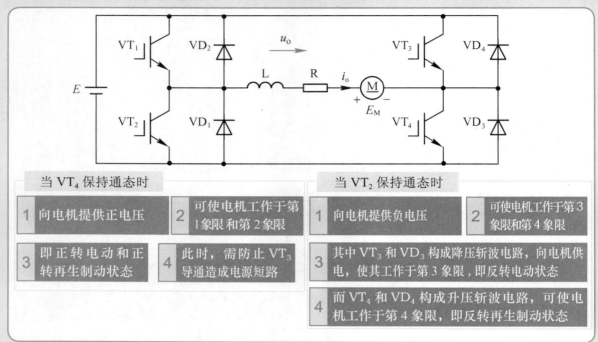

7.2.3 多相多重斩波电路

多相多重斩波电路是另一种复合概念的斩波器。前面介绍的两种复合斩波电路是由不同的基本斩波电路组合而成的,而多相多重斩波电路是在电源和负载之间接入多个结构相同的基本斩波电路而构成的。在一个控制周期中,电源侧的电流脉波数称为斩波电路的相数,负载电流脉波数称为斩波电路的重数。

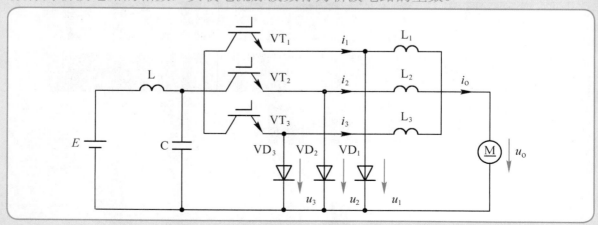

上图所示为3相3重降压斩波电路，该电路相当于由3个降压斩波电路单元并联而成。

总输出电流 ➡ 总输出电流为3个斩波电路单元输出电流之和，其平均值为单元输出电流平均值的3倍

脉动频率 ➡ 脉动频率也为斩波电路单元的脉动频率的3倍，而3个单元电流的脉动幅值互相抵消，使总的输出电流脉动幅值变得很小

多相多重斩波电路的总输出电流最大脉动率（即电流脉动幅值与电流平均值之比）与相数的二次方成反比，且输出电流脉动频率提高，因此与单相斩波电路相比，在输出电流最大脉动率一定时，多相多重斩波电路所需平波电抗器的总质量大为减轻。

3相1重斩波电路 ➡ 当上述电路电源公用而负载为3个独立负载时，为3相1重斩波电路

1相3重斩波电路 ➡ 当电源为3个独立电源，向一个负载供电时，为1相3重斩波电路

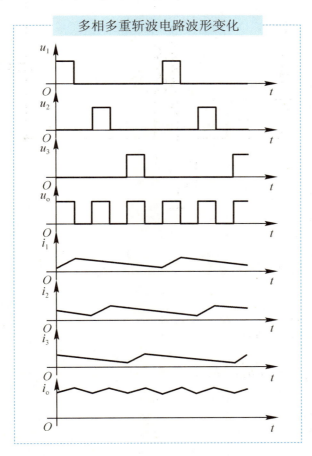

多相多重斩波电路波形变化

多相多重斩波电路还具有备用功能，各斩波电路单元可互为备用，当某一斩波单元发生故障时，其他单元可以继续运行，使得总体的可靠性得到提高。

7.3 带隔离变压器的直流变流电路

7.3.1 单端反激式直流斩波电路

如果在基本的降压变换、升压变换及 Cuk 等直流变换电路中引入隔离变压器，可以使变压器的输入电源与负载之间实现电气隔离，从而提高变换电路运行的安全性、可靠性和电磁兼容性。

如果变换电路仅需一个开关管，变换电路中变压器的磁通仅在单方向上变化，称之为单端直流变流电路。它仅用于小功率电源变换电路。

如果开关管导通时，电源将能量直接传送至负载，称之为正激式直流变流电路。

如果开关管导通时，电源将电能转换为磁能储存在电感中；当开关管阻断时，再将磁能变为电能传送到负载，称之为反激式直流变流电路。

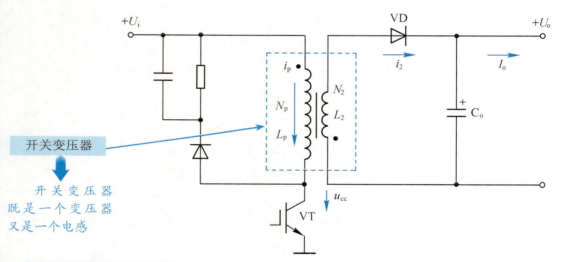

开关变压器

开关变压器既是一个变压器又是一个电感

当开关管 VT 导通时

开关变压器二次绕组是反极性的，二极管 VD 因反偏而截止。因此，一次绕组类似电感线圈，在开关 VT 导通期间储存能量。

在开关 VT 导通期间，一次电流

$$i_P = \frac{U_i}{L_P} t + I_{Pmin}$$

当 $t=T_{on}$ 时，　　$i_P(T_{on}) = \frac{U_i}{L_P} T_{on} + I_{Pmin} = I_{Pmax}$

当开关管 VT 截止时

二次绕组的感应电动势使二极管 VD 导通，将磁场能量变成电能并释放，给电容充电并供给负载。

在开关管 VT 截止期间，二次电流 $i_2 = I_{2\max} - \dfrac{U_o}{L_2}(t - T_{on})$

根据安匝平衡关系，得 $I_{P\max} N_P = I_{2\max} N_2$，由此得到 $I_{2\max} = \dfrac{N_P}{N_2} I_{P\max}$

代入二次电流公式得到二次电流 i_2 的表达式为

$$i_2 = \dfrac{N_P}{N_2} I_{P\max} - \dfrac{U_o}{L_2}(t - T_{on})$$

当 $t = T_s$ 时，

$$i_2(T_S) = \dfrac{N_P}{N_2} I_{P\max} - \dfrac{U_o}{L_2} T_{off} = \dfrac{N_P}{N_2}\left(\dfrac{U_i}{L_P} T_{on} + I_{P\min}\right) - \dfrac{U_o}{L_2} T_{off}$$

根据上述公式可知，单端反激式直流斩波电路也有 3 种工作状态。

磁通临界连续的工作情况

当 $I_{P\min} = 0$ 时，一次绕组在开关管导通期间，电流开始上升，一次电流的最大值为

$$I_{p\max} = \dfrac{U_i}{L_P} T_{on}$$

当开关截止时，二次电流 $i_2(T_s)$ 刚好下降为零，即变压器的磁储能刚好在截止时间 T_{off} 内释放完。这种工作情况下，输出电压为

$$U_o = \dfrac{N_2}{N_1} \cdot \dfrac{T_{on}}{T_{off}} U_i$$

临界工作条件下的电压、电流波形如下图所示。

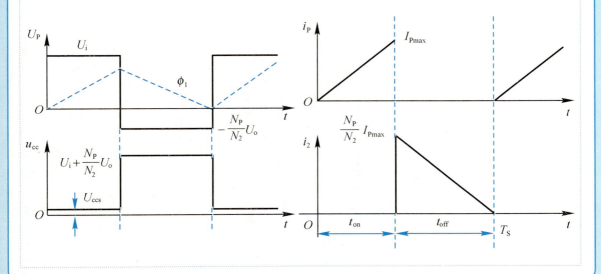

磁通临界不连续的工作情况

当开关管截止的时间 T_{off} 比二次绕组中电流 i_2 衰减到零所用的时间还长时,即

$$T_{off} > \frac{N_2}{N_P} \cdot \frac{U_i}{U_o} T_{on}$$

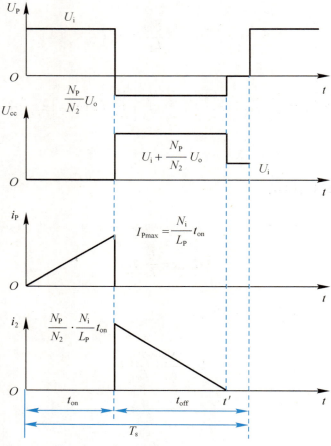

开关变压器二次电流 i_2 在开关管截止前便已经衰减到零。在下一个开关周期开关管导通时,一次绕组电流 i_P 从零开始上升

$$i_P = \frac{U_i}{L_P} t$$

当 $t = T_{on}$ 时,i_P 达到最大值 ➡ $I_{Pmax} = \frac{U_i}{L_P} T_{on}$

当开关管截止时,二次电流 i_2 的变化规律为

$$i_2 = I_{2max} - \frac{U_o}{L_2}(t - T_{off}) = \frac{N_P}{N_2} I_{Pmax} - \frac{U_o}{L_2}(t - T_{on})$$

这种磁通不连续状态下的输出电压 U_o,可以根据功率平衡原理求得:

$$U_o = U_i T_{on} \sqrt{\frac{R_L}{2 T_s L_P}}$$

磁通连续状态工作情况

在这种状态下，$I_{Pmin}>0$；开关管截止期间，i_2 降不到零时开关管再次导通。

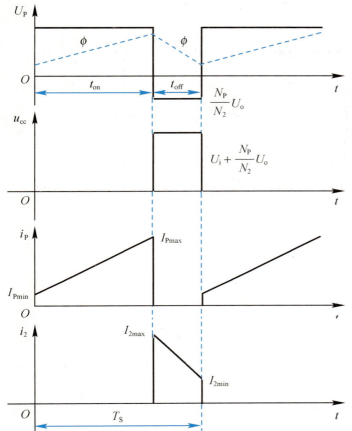

这时，一次电流 i_P 不是从零开始上升，而是从 I_{PMIN} 开始上升，其变化规律为

$$i_P = \frac{U_i}{L_P} t + I_{Pmin}$$

当 $t=T_{on}$ 时，i_P 达到最大值

$$I_{Pmax} = \frac{U_i}{L_P} T_{on} + I_{Pmin}$$

当开关截止时，二次电流 i_2 的变化规律为

$$i_2 = I_{2max} - \frac{U_o}{L_2}(t-T_{on}) = \frac{N_P}{N_2}\left(\frac{U_i}{L_P}T_{on}+I_{Pmin}\right) - \frac{U_o}{L_2}(t-T_{on})$$

当 $t=T_S$，即 $t-T_{on}=T_{off}$ 时，$i_2=I_{2min}$，$I_{2min}=\frac{N_P}{N_2}I_{Pmin}$，代入上式可得

$$i_2(T_S) = \frac{N_P}{N_2}\frac{U_i}{L_P}T_{on} + \frac{N_P}{N_2}I_{Pmin} - \frac{U_o}{L_2}T_{off} = I_{2min} = \frac{N_P}{N_2}I_{Pmin}$$

由此可得

$$\begin{cases} \dfrac{T_{on}}{T_S} = \dfrac{U_o}{U_o+U_i/n} = D \\ U_o = \dfrac{N_2}{N_P} \cdot \dfrac{T_{on}}{T_{off}} U_i = \dfrac{D}{1-D} \cdot \dfrac{U_i}{n} \end{cases}$$

上述公式说明单端反激式直流斩波电路与 Buck-Boost 变换电路的工作原理相仿。

7.3.2 单端正激式直流斩波电路

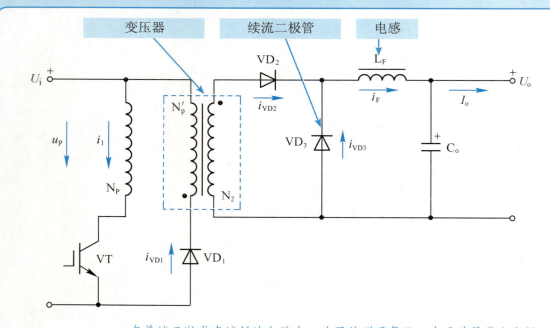

变压器 ➡ 在单端正激式直流斩波电路中，为了使磁通复位，在开关管截止期间，磁场能量要有一个释放的回路，因此设置了一个与一次绕组匝数相同、极性相反的去磁绕组，如上图中的 N'_P。当开关管截止时，通过 N'_P 将磁场储能送回到电源，从而起到变压器的去磁作用。

电感 L_F ➡ 能量的储存及传送元件。

为了简化，可利用变压器的 T 型等效电路进行分析。假设变压器一次绕组的激磁电感为 L_P，而绕组的匝数比为 $n=N_P/N$，变压器的漏感为零，输出电压 U_o 为恒压源。

当开关管 VT 导通时

1. 电压施加在一次绕组 N_P 上，VD_2 导通，向负载供电
2. N'_P 绕组由于被 VD_1 阻断而没有电流

当开关管 VT 截止时

1. 二次绕组感应电势使 VD_2 截止
2. 但 N'_P 的感应电势使 VD_1 导通，起去磁作用

由于去磁绕组 N'_P 是反极性的，仅起去磁作用。上述电路的等效电路如右图所示。

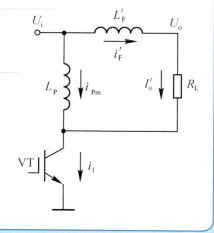

单端正激式直流斩波电路工作时的电压、电流波形如下图所示。

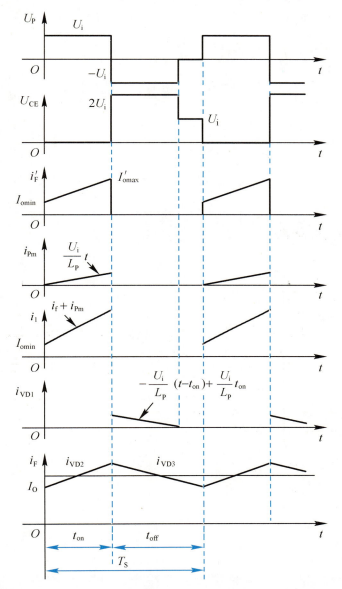

因为 L_F 的折算值

$L_F' = n^2 L_F$
$U_o' = nU_o$
$i_F' = i_F/n$
$I_o' = I_o/n$
$n = N_P/N_2$

在开关管 VT 导通期间，等效负载回路的电流 i_F' 为

$$i_F' = \frac{U_i - U_o'}{L_F'} t + A$$

当 $t=0$ 时

二次侧 VD_3 导通续流，L_F 中的负载电流为最小值 I_{omin}。代入后可得

$$i_F' = \frac{U_i - U_o'}{L_F'} t + I_{omin}'$$

还原到二次侧时

$$i_F = \frac{U_i - nU_o}{nL_F} t + I_{omin}$$

当 $t=T_{on}$ 时

$$i_F(T_{on}) = \frac{U_i - nU_o}{nL_F} T_{on} + I_{omin} = I_{omax}$$

当开关管 VT 截止时

二次侧 VD_3 导通续流,这时电感 L_F 上的电流为

$$i_{VD3} = \frac{-U_o}{L_F}(t - T_{on}) + \frac{U_i - nU_o}{nL_F}T_{on} + I_{omin}$$

在稳态运行条件下,当 $t=T_s$ 时,即 $t-T_{on}=T_{off}$,$i_{VD3}(T_s)=I_{omin}$ 这样就得到 $\frac{U_i - nU_o}{nL_F}T_{on} = \frac{U_o}{L_F}T_{off}$ 从而得到

$$\begin{cases} \dfrac{T_{on}}{T_{off}} = \dfrac{U_o}{\dfrac{U_i}{n} - U_o} \\ U_o = \dfrac{U_i}{n} \cdot \dfrac{T_{on}}{T_s} = D\dfrac{U_i}{n} \end{cases}$$

7.3.3 半桥式直流变流电路

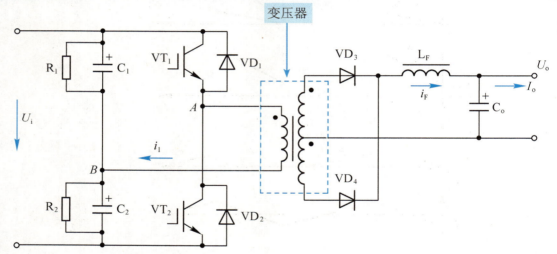

变压器一次绕组的一端接到串联电容 C_1、C_2 之间的浮动电位上,因 $C_1=C_2$,其静态浮动电位值为 $U_i/2$。变压器一次绕组的另一端与 VT_1 发射极和 VT_2 集电极相连接。

1. 如果输入直流电压为 U_i
2. 当开关管 VT_1 导通时
3. 变压器一次绕组 A 端接在电源正极并产生幅值为 $U_i/2$ 的电压(加在一次绕组上)
4. 当 VT_1 关断、VT_2 导通时
5. 由于 A 端接到了电源的负极,因此变压器一次侧极性反向
6. 同样产生 $U_i/2$ 的电压,并反极性地加在一次绕组上
7. 随着 VT_1 和 VT_2 交替导通和关断
8. 二极管 VD_3 和 VD_4 也交替导通整流,从而得到直流输出电压和电流。

与单端正激式直流斩波电路的分析类似,可得输出电压

$$U_o = \frac{U_i}{n} \cdot \frac{T_{on}}{2(T_{on}+T_{off})} = \frac{U_i}{n}D$$

从原理分析可知,半桥式直流变流电路的导通比 $D=T_{on}/T_s$,在形式上与前述的导通比是相同的,

但在含义上显然是不一样的。前述的导通时间 T_{on} 是指一个工作周期 T_S 内开关元件的导通时间，而这里的 T_{on} 指的是半个周期内（$T_s/2$）一个开关元件的导通时间。其工作波形如下图所示。

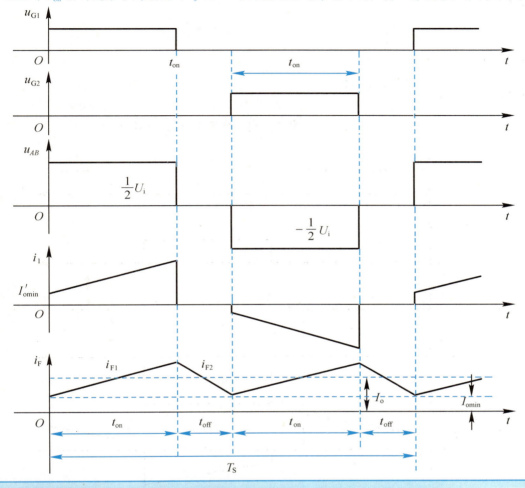

7.3.4 全桥式直流变流电路

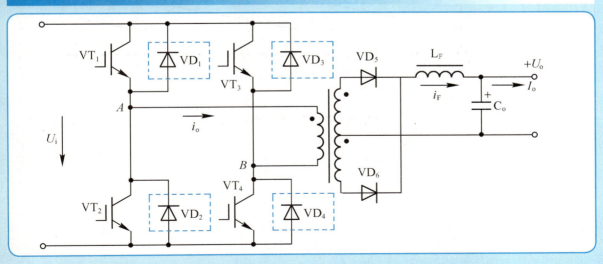

| 电容 C_1、C_2 | → | 将半桥式直流变流电路的两个串联电容 C_1 和 C_2 改成两个开关元件，这是组成全桥式直流变流电路的重要元件。 |

| 续流二极管 $VD_1 \sim VD_4$ | → | 由于续流二极管 $VD_1 \sim VD_4$ 的钳位作用，开关管所承受的最高电压也只是电源电压 U_i。 |

| 变压器 | → | 与半桥式直流变流电路相比，变压器一次侧施加的电压就大了一倍，其值为输入电源电压 U_i，这样全桥式直流变流电路就更适合大功率的变换电源。 |

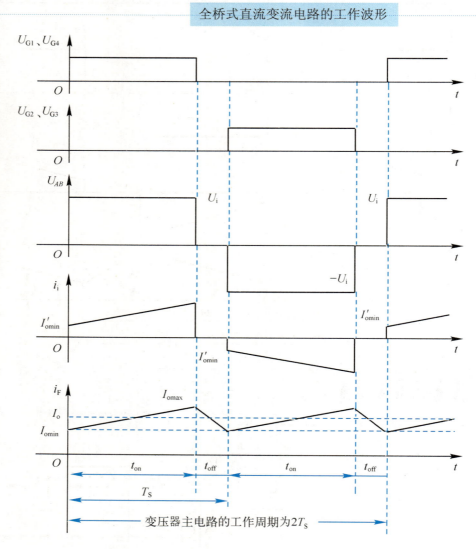

全桥式直流变流电路的工作波形

同半桥式直流变流电路一样，全桥式直流变流电路在一个工作周期内，变压器正、负交替激磁一次。由于采用 PWM 技术调节和控制输出电压，因此控制电路的振荡器在全桥式直流变流电路的半个工作周期内要完成一个振荡周期。在一个振荡周期内，电路的一组对角桥臂开关完成导通和截止的工作循环。由此可知，控制电路的振荡器完成两个振荡周期，电路才完成一个工作周期。

与前面介绍的正激式直流斩波电路分析类似，可得输出电压

$$U_o = \frac{U_i}{n} \cdot \frac{T_{on}}{T_S} = \frac{U_i}{n} D$$

由前述工作原理分析可知，全桥式直流变流电路和半桥式直流变流电路都是正激式的，变压器的一次绕组是正负交替激磁的，其铁心工作在第4象限，铁心的利用率高，变换的功率大。

| 半桥式直流变流电路的 U_o 表达式 | $U_o = \dfrac{U_i}{n} \cdot \dfrac{T_{on}}{2(T_{on}+T_{off})} = \dfrac{U_i}{n} D$ |

| 全桥式直流变流电路的 U_o 的表达式 | $U_o = \dfrac{U_i}{n} \cdot \dfrac{T_{on}}{T_S} = \dfrac{U_i}{n} D$ |

导通比的定义不同

- 半桥式直流变流电路的导通比 $D=T_{on}/T_S$ ➤ 这是相对于直流变流电路中主电路中工作周期而言的，即 T_S 不是PWM振荡器的工作周期，而是开关管 VT_1 和 VT_2 的工作周期，相对而言，D 要小于0.5。
- 全桥式直流变流电路的导通比 $D=T_{on}/T_S$ ➤ 这是相对于PWM振荡器的工作频率而言的，这里的 T_S 仅为主路两组开关工作周期的1/2，因此全桥式直流变流电路中的导通比 $D=T_{on}/T_S$ 可以取较大的值。

7.3.5 推挽式直流斩波电路

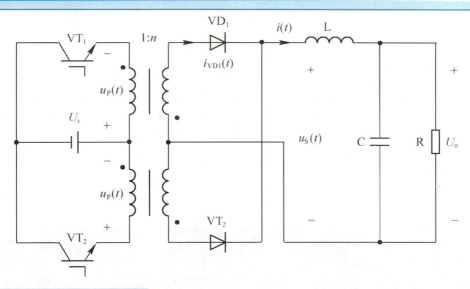

当 VT_1 导通、VT_2 截止时

1. 在变压器的一次绕组中建立磁化电流
2. 二次绕组上的感应电压使二极管 VD_1 导通，将能量传给负载

当 VT$_1$ 截止、VT$_2$ 导通时

1. 在变压器的一次绕组中建立磁化电流
2. 二次绕组上的感应电压使二极管 VD$_2$ 导通，将能量传给负载

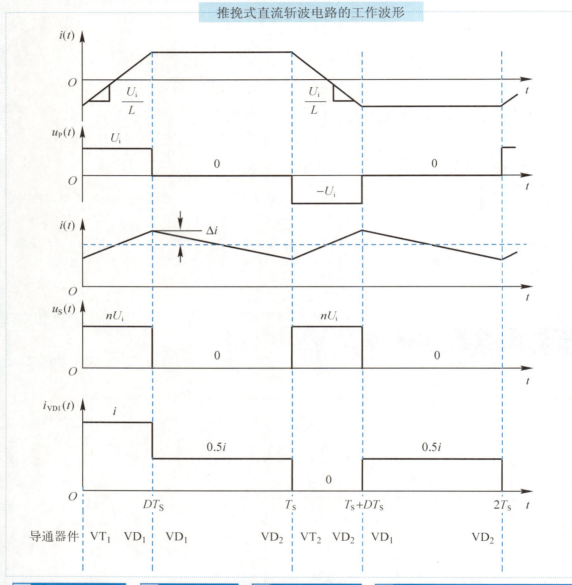

推挽式直流斩波电路的工作波形

1. 忽略开关管的饱和压降
2. 当 VT$_1$ 导通、VT$_2$ 截止时
3. 加在一次绕组上的电压为 U_i
4. 由于一次侧的两个绕组匝数相等，在一次绕组上感应出电压 U_i
5. U_i 的极性为上负下正，所以 VT$_2$ 所承受的电压为 $2U_i$

这种电路的输入电源电压直接加在高频变压器上，因此仅用两个高压开关管就可以获得较大的输出功率；两个开关管的发射极相连，两组基极驱动电路不需要彼此绝缘，所以驱动电路也比较简单。推挽式斩波电路适用于数瓦至数千瓦的直流变流应用。

第 8 章

交流-交流变流电路

8.1 交流调压电路

8.2 其他交流电力控制电路

8.3 交-交变频电路

8.4 矩阵式变频电路

8.1 交流调压电路

8.1.1 单相交流调压电路

交流-交流变换电路就是将一种形式的交流电变换成另一种形式交流电的电路。在进行交流-交流变换时，可以改变相关的电压、电流、频率和相数等。

交流-交流变换电路种类

交流电力控制电路 ➡ 仅改变电压、电流或对电路的通/断进行控制而不改变频率的电路，称为交流电力控制电路。

变频电路 ➡ 改变频率的电路称为变频电路。变频电路有交-交变频电路和交-直-交变频电路两种形式。前者直接将一种频率的交流电变换成另一种频率或可变频率的交流电，也称为直接变频电路；后者先将交流电整流成直流电，再将直流电逆变成另一种频率或可变频率的交流电，这种通过直流中间环节的变频电路也称间接变频电路。

交流调压电路 ➡ 在每半个周期内通过对晶闸管开通相位的控制，可以方便地调节输出电压的有效值，这种电路称为交流调压电路。

交流调功电路 ➡ 以交流电的周期为单位，控制晶闸管的通、断，改变通态周期数和断态周期数的比，可以方便地调节输出功率的平均值，这种电路称为交流调功电路。

交流电力电子开关 ➡ 如果并不刻意调节输出平均功率，而只是根据需要接通或断开电路，则串入电路中的晶闸管称为交流电力电子开关。

电阻负载

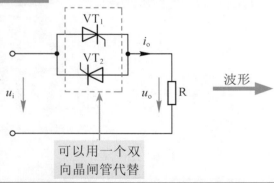

可以用一个双向晶闸管代替

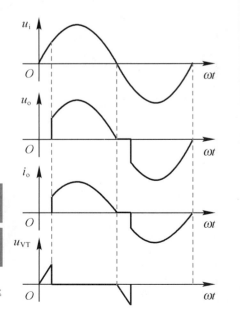

波形

1 在交流电源 u_i 的正半周和负半周，分别对 VT_1 和 VT_2 的开通角 α 进行控制，即可调节输出电压

2 正、负半周 α 起始时刻 ($\alpha=0$) 均为电压过零时刻。在稳态情况下，应使正、负半周的 α 相等

可以看出，负载电压波形是电源电压波形的一部分，负载电流（即电源电流）与负载电压的波形相同。

在上述电路中，当开通角为 α 时，负载电压有效值 U_o、负载电流有效值 I_o、晶闸管电流有效值 I_{VT} 和电路的功率因数 λ 分别为

$$U_o = \sqrt{\frac{1}{\pi}\int_\alpha^\pi (\sqrt{2}U_i\sin\omega t)^2 d(\omega t)} = U_i\sqrt{\frac{1}{2\pi}\sin 2\alpha + \frac{\pi-\alpha}{\pi}}$$

$$I_o = \frac{U_o}{R}$$

$$I_{VT} = \sqrt{\frac{1}{2\pi}\int_\alpha^\pi \left(\frac{\sqrt{2}U_i\sin\omega t}{R}\right)^2 d(\omega t)} = \frac{U_i}{R}\sqrt{\frac{1}{2}\left(1-\frac{\alpha}{\pi}+\frac{\sin 2\alpha}{2\pi}\right)}$$

$$\lambda = \frac{P}{S} = \frac{U_o I_o}{U_i I_o} = \frac{U_o}{U_i} = \sqrt{\frac{1}{2\pi}\sin 2\alpha + \frac{\pi-\alpha}{\pi}}$$

从电路图、波形图及以上各式可以看出，α 的移相范围为 $0 \leqslant \alpha \leqslant \pi$。

当 $\alpha=0$ 时 ➡ 晶闸管一直接通，输出电压为最大值 ➡ $U_o = U_i$

随着 α 的不断增大 ➡ U_o 逐渐降低 ➡ 直到 $\alpha=\pi$ 时 ➡ $U_o = 0$

此外，当 $\alpha=0$ 时，功率因数 $\lambda=1$；随着 α 的增大，输入电流滞后于电压且发生畸变，λ 也逐渐降低。

阻感负载

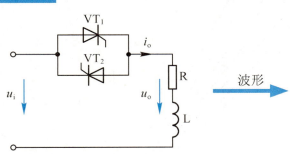

波形 ➡

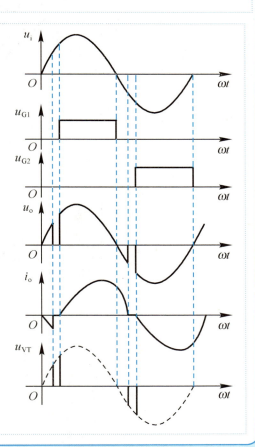

设负载的阻抗角为 $\varphi = \arctan(\omega L/R)$

如果用导线将晶闸管完全短接 ➡ 稳态时，负载电流应是正弦波，其相位滞后于电源电压 U_i 的角度为 φ

在用晶闸管进行控制时 ➡ 很显然，只能进行滞后控制，使负载电流更为滞后，而无法使其超前

为了方便，将 $\alpha=0$ 的时刻仍定在电源电压过零的时刻，显然，阻感负载下稳态时，α 的移相范围应为 $\varphi \leqslant \alpha \leqslant \pi$。

139

阻感负载

当在 $\omega t=\alpha$ 时刻开通晶闸管 VT_1 时，负载电流应满足如下微分方程式和初始条件：

$$L\frac{di_o}{dt} + Ri_o = \sqrt{2}\, U_i \sin\omega t$$

$$i_o|_{\omega t=\alpha} = 0$$

解该公式得

$$i_o = \frac{\sqrt{2}\, U_i}{Z}\left[\sin(\omega t - \varphi) - \sin(\alpha - \varphi)e^{\frac{\alpha-\omega t}{\tan\varphi}}\right]$$

$$\alpha \leq \omega t \leq \alpha + \theta$$

$Z=\sqrt{R^2 + (\omega L)^2}$

θ 为晶闸管导通角

利用边界条件，$\omega t=\alpha+\theta$ 时 $i_o=0$，可求得 θ

$$\sin(\alpha + \theta - \varphi) = \sin(\alpha - \varphi)e^{\frac{-\theta}{\tan\varphi}}$$

以 φ 为参变量，利用上式可以将 α 与 θ 之间的关系用下图一簇曲线来表示。

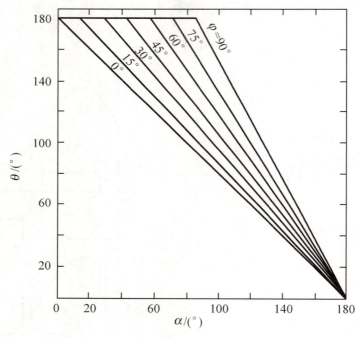

当 VT_2 导通时，上述关系基本相同，只是 i_o 的极性相反，且相位相差 $180°$。

上述电路在开通角为 α 时，负载电压有效值 U_o、晶闸管电流有效值 I_{VT}、负载电流有效值 I_o 分别为

$$U_o = \sqrt{\frac{1}{\pi}\int_{\alpha}^{\alpha+\beta}(\sqrt{2}\,U_i\sin\omega t)^2 d(\omega t)}$$

$$= U_i\sqrt{\frac{\theta}{\pi} + \frac{1}{\pi}[\sin 2\alpha - \sin(2\alpha - 2\theta)]}$$

$$I_{\mathrm{VT}} = \sqrt{\frac{1}{2\pi}\int_{\alpha}^{\alpha+\theta}\left\{\frac{\sqrt{2}\,U_i}{Z}\left[\sin(\omega t-\varphi)-\sin(\alpha-\varphi)\mathrm{e}^{\frac{\alpha-\omega t}{\tan\varphi}}\right]\right\}^2\mathrm{d}(\omega t)}$$

$$= \frac{U_i}{\sqrt{\pi}\,Z}\sqrt{\theta-\frac{\sin\theta\cos(2\alpha+\varphi+\theta)}{\cos\varphi}}$$

$$I_o = \sqrt{2}\,I_{\mathrm{VT}}$$

设晶闸管电流 I_{VT} 的标幺值为 $I_{\mathrm{VTN}} = I_{\mathrm{VT}}\dfrac{Z}{\sqrt{2}\,U_i}$

由此可绘出 I_{VTN} 与 α 之间的关系曲线。

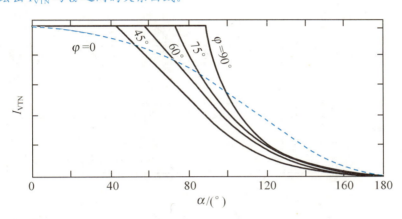

如上所述，当负载为阻感负载时，α 的移相范围为 $\varphi \leq \alpha < 180°$。但 $\alpha < \varphi$ 时，电路并不是不能工作，下面就来分析这种情况。

1	当 $\varphi < \alpha < \pi$ 时，VT_1 和 VT_2 的导通角 θ 均小于 π	2	α 越小，θ 越大；当 $\alpha=\varphi$ 时，$\theta=\pi$	3	α 继续减小
4	在 $0 \leq \alpha < \varphi$ 的某一时刻触发 VT_1	5	则 VT_1 的导通时间将超过 π 到 $\omega t = \pi+\alpha$ 时刻	6	触发 VT_2 时，负载电流 i_o 尚未过零，VT_1 仍在导通
7	而 VT_2 不会立即开通	8	直到 i_o 过零后，如 VT_2 的触发脉冲有足够的宽度而尚未消失	9	因为 $\alpha<\varphi$，VT_1 提前开通
10	负载 L 被过充电，其放电时间也将延长，使得 VT_1 结束导电时刻大于 $\pi+\varphi$	11	使 VT_2 推迟开通，VT_2 的导通角当然小于 π		

在这种情况下，方程式

$$L\frac{\mathrm{d}i_o}{\mathrm{d}t}+Ri_o = \sqrt{2}\,U_i\sin\omega t \quad i_o|_{\omega t=\alpha}=0 \quad 和 \quad i_o = \frac{\sqrt{2}\,U_i}{Z}\left[\sin(\omega t-\varphi)-\sin(\alpha-\varphi)\mathrm{e}^{\frac{\alpha-\omega t}{\tan\varphi}}\right]$$

所解得的 i_o 表达式仍是适用的，只是 ωt 的适用范围不再是 $\alpha \leq \omega t \leq \alpha+\theta$，而是扩展到 $\alpha \leq \omega t < \infty$。

因为在这种情况下，i_o 已不存在断流区，其过渡过程和带阻感负载的单相交流电路在 $\omega t=\alpha(\alpha<\varphi)$ 时合闸所发生的过渡过程完全相同。

i_o 由两个分量组成，第1项为正弦稳态分量，第2项为指数衰减分量。

| 1 | 在指数分量的衰减过程中 | 2 | VT_1 的导通时间逐渐缩短 | 3 | VT_2 的导通时间逐渐延长 |

| 4 | 当指数分量衰减到零后 | 5 | VT_1 和 VT_2 的导通时间都趋近到 π，其工作情况和 $\alpha=\varphi$ 时相同 |

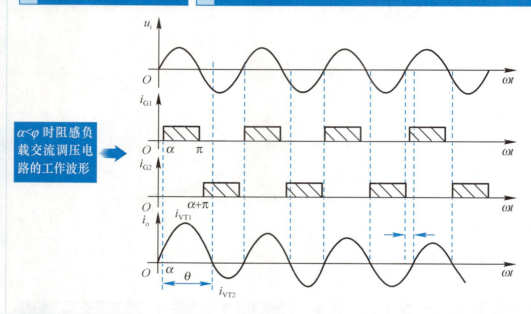

$\alpha<\varphi$ 时阻感负载交流调压电路的工作波形

单相交流调压电路的谐波分析

通过本书第138页和第139页的波形图可以看出，负载电压和负载电流（即电源电流）均不是正弦波（含有大量谐波）。下面以电阻负载为例，对负载电压 u_o 进行谐波分析。

由于波形正、负半周对称，所以不含直流分量和偶次谐波，可用傅里叶级数表示为

$$u_o(\omega t)=\sum_{n=1,3,5}^{\infty}(a_n\cos n\omega t + b_n\sin n\omega t)$$

$$a_1=\frac{\sqrt{2}\,U_i}{2\pi}(\cos 2\alpha -1)$$

$$b_1=\frac{\sqrt{2}\,U_i}{2\pi}[\sin 2\alpha +2(\pi -\alpha)]$$

$$a_n=\frac{\sqrt{2}\,U_i}{\pi}\left\{\frac{1}{n+1}[\cos(n+1)\alpha -1]-\frac{1}{n-1}[\cos(n-1)\alpha -1]\right\}\quad(n=3,5,7,\cdots)$$

$$b_n=\frac{\sqrt{2}\,U_i}{\pi}\left[\frac{1}{n+1}\sin(n+1)\alpha -\frac{1}{n-1}\sin(n-1)\alpha\right]\quad(n=3,5,7,\cdots)$$

基波和各次谐波的有效值可按下式求出

$$U_{on}=\frac{1}{\sqrt{2}}\sqrt{a_n^2+b_n^2}\quad(n=1,3,5,7,\cdots)$$

负载电流基波和各次谐波的有效值为 $I_{on} = U_{on}/R$

根据上式的计算结果,可以绘出电流基波和各次谐波标幺值随 α 变化的曲线(如下图所示),其中基准电流为 $\alpha=0$ 时的电流有效值。

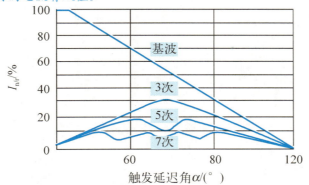

在阻感负载的情况下,可以用与上面相同的方法进行分析,只是公式将复杂得多。这时,电源电流中的谐波次数与电阻负载时的相同,也是只含有 3、5、7 等次谐波,同样是随着次数的增加,谐波含量减少。与电阻负载时相比,阻感负载时的谐波电流含量要少一些,而且 α 相同时,随着阻抗角 φ 的增大,谐波含量有所减少。

斩控式交流调压电路

在斩控式交流调压电路中,一般采用全控型器件作为开关器件。其基本原理与直流斩波电路有类似之处,只是直流斩波电路中的输入信号是直流电压信号,而斩控式交流调压电路中的输入信号是正弦交流电压信号。

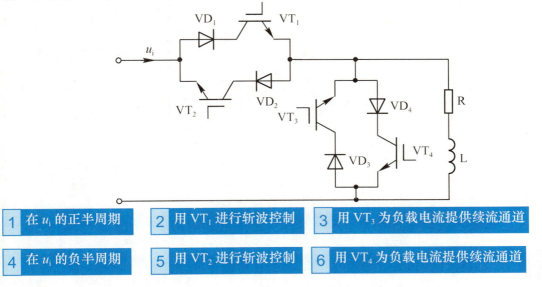

| 1 在 u_i 的正半周期 | 2 用 VT_1 进行斩波控制 | 3 用 VT_3 为负载电流提供续流通道 |
| 4 在 u_i 的负半周期 | 5 用 VT_2 进行斩波控制 | 6 用 VT_4 为负载电流提供续流通道 |

设斩波器件(VT_1 或 VT_2)导通时间为 t_{on},开关周期为 T,则导通比 $\alpha = t_{on}/T$。与直流斩波电路一样,也可以通过改变 α 来调节输出电压。

下图所示为电阻负载时斩控式交流调压电路负载电压 u_o、电源电压 u_i 和电源电流 i_i(即负载电流)的波形。

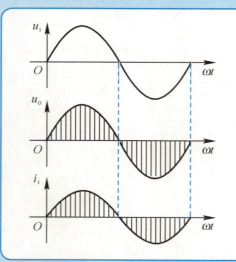

电源电流的基波分量与电源电压是同相位的,即位移因数为1。

通过傅里叶分析可知,电源电流中不含低次谐波,只含与开关周期 T 有关的高次谐波。这些高次谐波用很小的滤波器即可将其滤除。这时,电路的功率因数接近1。

8.1.2 三相交流调压电路

根据三相联结形式的不同,三相交流调压电路具有多种形式。

星形联结电路

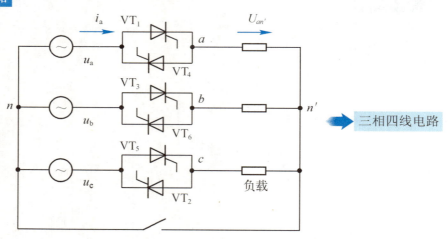

三相四线电路

三相四线星形联结方式相当于3个单相交流调压电路的组合,三相之间互相错开 $120°$ 工作。单相交流调压电路的工作原理和分析方法均适用于这种电路。

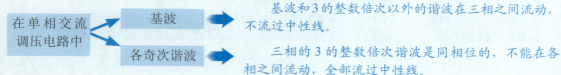

基波和3的整数倍次以外的谐波在三相之间流动,不流过中性线。

三相的3的整数倍次谐波是同相位的,不能在各相之间流动,全部流过中性线。

因此,中性线中会有很大的3次谐波电流及其他3的整数倍次谐波电流。当 $\alpha = 90°$ 时,中性线电流甚至与各相电流的有效值接近。在选择线径和变压器时,必须注意这一问题。

星形联结电路

任一相在导通时必须与另一相构成回路，因此与三相桥式全控整流电路一样，电流流通路径中有两个晶闸管，所以应采用双脉冲或宽脉冲触发

三相的触发脉冲应依次相差120°，同一相的两个反并联晶闸管触发脉冲应相差180°。因此，和三相桥式全控整流电路一样，触发脉冲顺序也是$VT_1 \to \cdots \to VT_6$，依次相差60°。

在任一时刻，可能是三相中各有一个晶闸管导通，这时负载相电压就是电源相电压

也可能两相中各有一个晶闸管导通，另一相不导通，这时导通相的负载相电压是电源线电压的1/2

根据任一时刻导通晶闸管的个数及半个周波内电流是否连续，可将0~150°的移相范围分为如下3段

$0 \leq \alpha < 60°$ ➡ 电路处于3个晶闸管导通与两个晶闸管导通交替的状态，每个晶闸管导通角为180°−α。但α=0是一种特殊情况，此时一直是有3个晶闸管导通。

$60 \leq \alpha < 90°$ ➡ 任意时刻都是有两个晶闸管导通，每个晶闸管的导通角均为120°。

$90 \leq \alpha < 150°$ ➡ 电路处于两个晶闸管导通与无晶闸管导通交替的状态，每个晶闸管导通角为300°−2α，而且这个导通角被分割为不连续的两部分，在半周波内形成两个断续的波头，各占150°−α。

如果将晶闸管换成二极管，可以看出相电流与相电压同相位，且相电压过零点时二极管开始导通

因此将相电压过零点定为开通角α的起点。在三相三线电路中，两相间是靠线电压导通的，而线电压超前相电压30°，因此α的移相范围是0~150°。

α=30°时负载相电压的波形

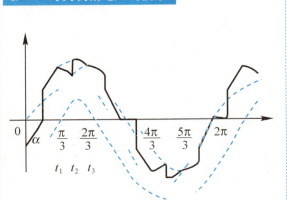

α=60°时负载相电压的波形

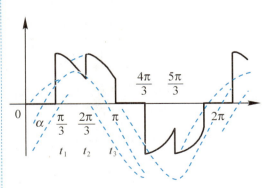

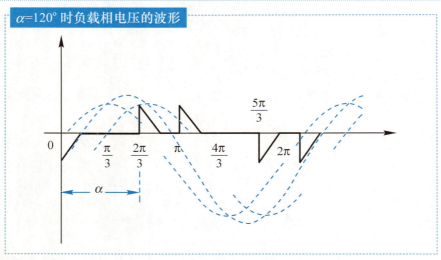

α=120°时负载相电压的波形

上面给出了 α 分别为 30°、60° 和 120° 时 a 相负载上的电压波形。因为是电阻负载，所以负载电流波形与负载相电压波形一致。

从波形上可以看出，电流中含有很多谐波。通过傅里叶分析可知，其中所含谐波的次数为 $6k\pm1$（$k=1,2,3,\cdots$）

➤ 这与三相桥式半控整流电路交流侧电流所含谐波的次数完全相同，并且也是谐波的次数越低，其含量越大。

在阻感负载的情况下，可参照电阻负载和前述单相阻感负载时的分析方法，只是情况更复杂一些。当 $\alpha=\varphi$ 时，负载电流最大且为正弦波，相当于晶闸管全部被短接时的情况。一般来说，电感大时，谐波电流的含量要小一些。

支路控制三角形联结三相交流调压电路

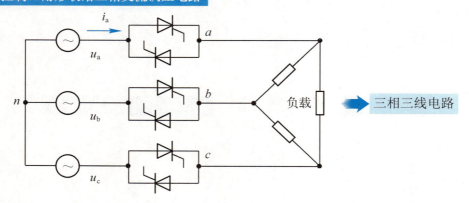

➤ 三相三线电路

这种电路由 3 个单相交流调压电路组成，它们分别在不同的线电压的作用下单独工作。因此，单相交流调压电路的分析方法和结论完全适用于支路控制三角形联结三相交流调压电路。

> >> 特殊提示
> 与单相交流调压电路相比，三相三线没有 3 的整数倍次谐波，因为当三相对称时，它们不能流过三相三线电路。

在求取输入线电流（即电源电流）时，只要对与该线相连的两个负载相电流求和即可。

由于三相对称负载相电流中 3 的整数倍次谐波的相位和大小都相同，所以它们在三角形回路中流动，而不出现在线电流中 ➡ 因此，与三相三线星形联结电路相同，线电流中所含谐波的次数也是 $6k\pm1$（k 为正整数）。

通过定量分析可以发现，在相同负载和相同 α 的情况下，支路控制三角形联结三相交流调压电路线电流中谐波含量要少于三相三线星形联结电路中的谐波含量。

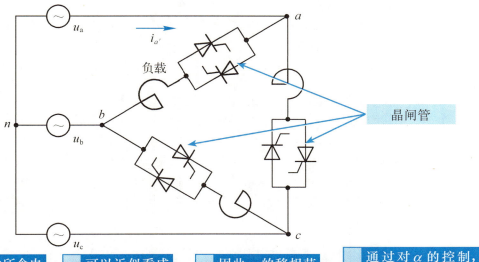

1. 电抗器中所含电阻很小
2. 可以近似看成是纯电感负载
3. 因此 α 的移相范围为 $90°\sim 180°$
4. 通过对 α 的控制，可以连续调节流过电抗器的电流，从而调节电路从电网中吸收的无功功率
5. 配以固定电容器，即可从容性到感性的范围内连续调节无功功率，这被称为静止无功补偿 (Static Var Campensaton，SVC) 装置

SVC 装置在电力系统中广泛用于无功功率的动态补偿，以补偿电压波动或闪变。

| $\alpha=120°$ 时负载电流和输入线电流波形 | $\alpha=135°$ 时负载电流和输入线电流波形 | $\alpha=160°$ 时负载电流和输入线电流波形 |

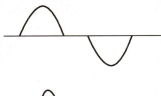 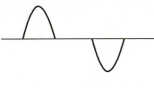 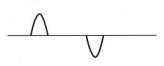

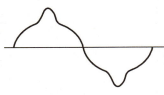 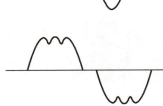 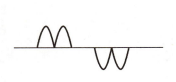

8.2 其他交流电力控制电路

8.2.1 交流调功电路

除了相位控制和斩波控制的交流电力控制电路，还有以交流电源周波数为控制单位的交流调功电路，以及对电路通/断进行控制的交流电力电子开关。

交流调功电路与交流调压电路的电路形式完全相同，只是控制方式不同而已。

交流调功电路 将负载与交流电源接通数个整周波，再断开数个整周波，通过改变接通周波数与断开周波数的比值来调节负载所消耗的平均功率。

电路应用

交流调功电路 像电炉温度这样的控制对象 时间常数往往很大，没有必要对交流电源的每个周期进行频繁的控制 以周波数为单位进行控制即可

通常都是在电源电压过零的时刻控制晶闸管导通 在交流电源接通期间，负载电压和负载电流都是正弦波 → 不会对电网电压和电流造成通常意义的谐波污染

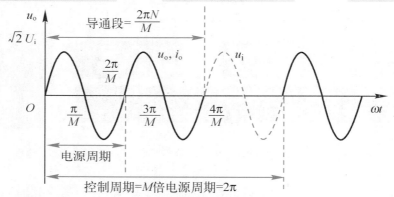

设控制周期为 M 倍电源周期，其中晶闸管在前 N 个周期导通，在后 $M-N$ 个周期关断。

| 1 | $M=3$、$N=2$ 时的电路波形如上图所示 | 2 | 负载电压和负载电流（即电源电流）的重复周期为 M 倍电源周期 | 3 | 当负载为电阻时，负载电流波形与负载电压波形相同 |

以控制周期为基准，对上图所示波形进行傅里叶分析，可以得到右图所示频谱图。

如果以电源周期为基准，电流中不含整数倍频率的谐波，但含有非整数倍频率的谐波，而且在电源频率附近，非整数倍频率谐波的含量较大

谐波次数 → 相对于电源频率的次数

8.2.2 交流电力电子开关

将晶闸管反并联后串入交流电路中,以此代替电路中的机械开关,起接通和断开电路的作用,这就是交流电力电子开关。与机械开关相比,这种开关的响应速度较快,没有触点,寿命长,可以频繁控制通/断。

控制电路通/断的手段

交流调功电路也是控制电路的接通和断开,但它是以控制电路的平均输出功率为目的的,其控制手段是改变控制周期内电路导通周波数与断开周波数的比。

交流电力电子开关并不控制电路的平均输出功率,通常也没有明确的控制周期,而是根据需要控制电路的接通和断开。另外,交流电力电子开关的控制频率比交流调功电路的低得多。

在公用电网中,交流电力电容器的投入与切断是控制无功功率的重要手段。通过对无功功率的控制,可以提高功率因数,稳定电网电压,改善供电质量。

与用机械开关投切电容器的方式相比,晶闸管投切电容器(Thynstor Switched Capacitor,TSC)是一种性能优良的无功补偿方式。

TSC 工作原理图

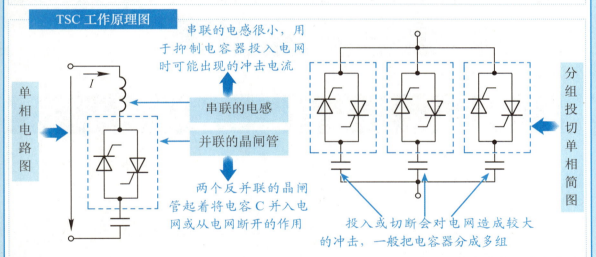

TSC 运行时,选择晶闸管投入时刻的原则是,该时刻交流电源电压应与电容器预先充电的电压相等。这样,电容器的电压不会产生跃变,也就不会产生冲击电流。

>> 特殊提示

可以根据电网对无功的需求而改变投入电容器的容量,TSC 实际上就成为断续可调的动态无功功率补偿器。电容器的分组可以有多种方法。从动态特性考虑,能组合产生的电容值级数越多越好(可采用二进制方案);从设计制造简化和经济性考虑,电容器组容量规格不宜过多,不宜分得过细。二者应折中考虑。

TSC 基本原理图

一般来说，在理想情况下，希望电容器预先充电电压为电源电压峰值，这时电源电压的变化率为零，因此在投入时刻 $i_c=0$，之后才按正弦规律上升。这样，电容器投入过程中不仅没有冲击电流，而且电流也没有阶跃变化。

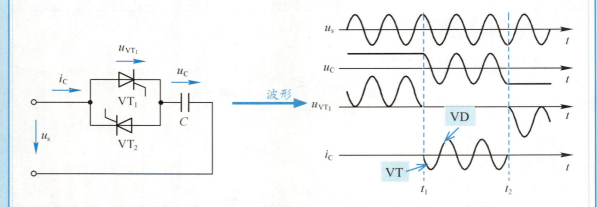

1	在本次导通开始时	2	电容器的端电压 u_c 已由上次导通时段最后导通的晶闸管 VT_1 充电至电源电压 u_s 的正峰值	3	本次导通开始时刻取为 u_s 和 u_c 相等的时刻 t_1
4	给 VT_2 触发脉冲使之开通	5	电容电流 i_c 开始流通	6	之后每半个周期轮流触发 VT_1 和 VT_2，电路继续导通

若需要切除这条电容支路时

| 1 | 如在 t_2 时刻 $i_c=0$ | 2 | VT_2 关断，这时撤除触发脉冲，VT_1 就不会导通 | 3 | u_c 保持在 VT_2 导通结束时的电源电压负峰值，为下一次投入电容器做了准备 |

TSC 电路也可以采用如下图所示的晶闸管和二极管反并联的方式。这时由于二极管的作用，在电路不导通时，u_c 总会维持在电源电压峰值。

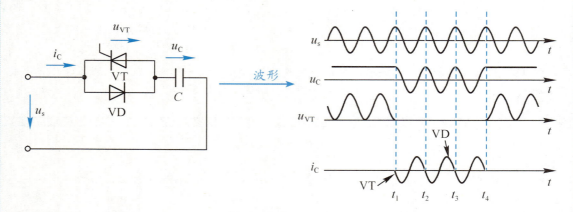

这种电路成本稍低，但因为二极管不可控，响应速度要慢一些，投/切电容器的最大时间滞后为一个周波。

8.3 交-交变频电路

8.3.1 单相交-交变频电路

采用晶闸管的交-交变频电路也称为周波变流器(Cycloconvertor)。交-交变频电路是将电网频率的交流电直接变换成可调频率交流电的变流电路。

交-交变频电路广泛应用于大功率交流电机调速传动系统中,实际使用的主要是三相输出交-交变频电路。单相输出交-交变频电路是三相输出交-交变频电路的基本形式。

电路构成和基本工作原理

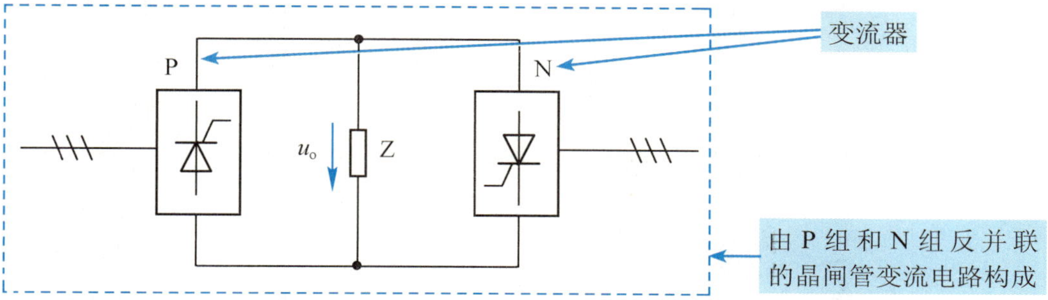

变流器:由P组和N组反并联的晶闸管变流电路构成

P组和N组变流器都是相控整流电路 ⇒ P组变流器工作时,负载电流 i_o 为正;N组变流器工作时, i_o 为负。

当两组变流器按一定的频率交替工作时,负载就得到该频率的交流电。

改变两组变流器的切换频率 ⇒ 就可以改变输出频率 f_o

改变变流电路工作时的控制角 α ⇒ 就可以改变交流输出电压的幅值

为了使输出电压 u_o 的波形接近正弦波 ⇒ 可以按正弦规律对 α 角进行调制

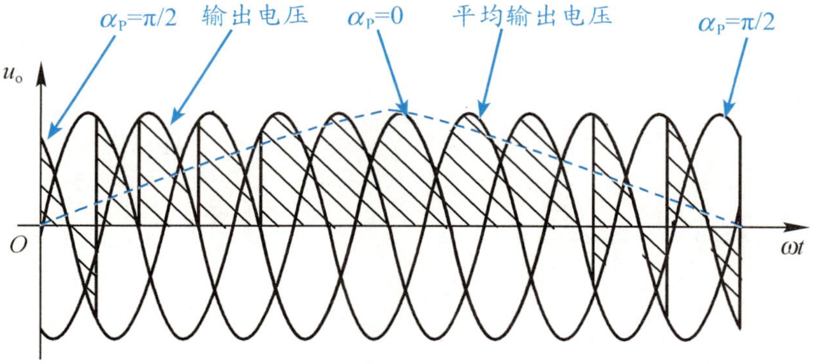

波形图标注: $\alpha_P = \pi/2$ 输出电压; $\alpha_P = 0$ 平均输出电压; $\alpha_P = \pi/2$

在半个周期内,让P组变流器的 α 角按正弦规律从90°逐渐减小到0或某个值,然后再逐渐增大到90°,这样每个控制间隔内的平均输出电压就按正弦规律从零逐渐增至最高,再逐渐减低到零,如图中虚线所示。另外半个周期可对N组变流器进行类似的控制。

由上述波形可以看出,输出电压 u_o 并不是平滑的正弦波,而是由若干段电源电压波形拼接而成。在输出电压的一个周期内,所包含的电源电压波形段数越多,其波形就越接近正弦波。因此,上图中的变流电路通常采用6脉波的三相桥式电路或12脉波变流电路。

整流与逆变工作状态

交-交变频电路的负载可以是阻感负载、电阻负载、阻容负载或交流电机负载。这里以阻感负载为例来说明电路的整流工作状态与逆变工作状态（这种分析也适用于交流电机负载）。

如果将交-交变频电路理想化，忽略变流电路换相时输出电压的脉动分量，就可将电路等效为下图：

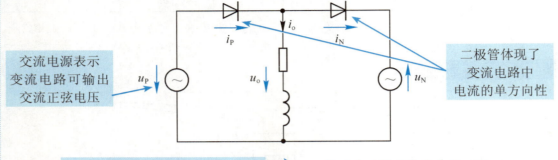

交流电源表示变流电路可输出交流正弦电压

二极管体现了变流电路中电流的单方向性

假设负载阻抗角为 φ 输出电流滞后输出电压 φ 角。

在 $t_1 \sim t_3$ 期间

在此期间的负载电流正半周，只能是 P 组变流电路工作，N 组电路被封锁。

在 $t_1 \sim t_2$ 阶段，输出电压和电流均为正，因此 P 组变流电路工作在整流状态，输出功率为正。

在 $t_2 \sim t_3$ 阶段，输出电压已反向，但输出电流仍为正，P 组变流电路工作在逆变状态，输出功率为负。

在 $t_3 \sim t_5$ 阶段

在负载电流负半周，N 组变流电路工作，P 组电路被封锁。

在 $t_3 \sim t_4$ 阶段，输出电压和电流均为负，N 组变流电路工作在整流状态。

在 $t_4 \sim t_5$ 阶段，输出电流为负而电压为正，N 组变流电路工作在逆变状态。

P	整流	逆变	阻断	
N		阻断	整流	逆变

从上述波形中可以看出，在阻感负载的情况下，在一个输出电压周期内交-交变频电路有 4 种工作状态。哪一组变流电路工作是由输出电流的方向决定的，与输出电压极性无关。变流电路工作在整流状态还是逆变状态，则是根据输出电压方向与输出电流方向是否相同来确定的。

如果考虑到无环流工作方式下负载电流过零的死区时间,一个周期内的波形可分为如下6段:

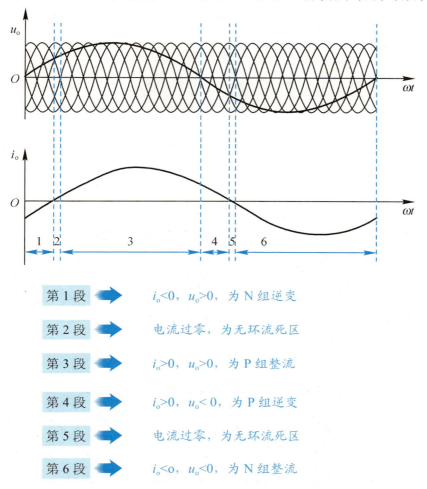

第1段 ➡ $i_o<0$,$u_o>0$,为 N 组逆变

第2段 ➡ 电流过零,为无环流死区

第3段 ➡ $i_o>0$,$u_o>0$,为 P 组整流

第4段 ➡ $i_o>0$,$u_o<0$,为 P 组逆变

第5段 ➡ 电流过零,为无环流死区

第6段 ➡ $i_o<0$,$u_o<0$,为 N 组整流

当输出电压与电流的相位差小于90°时,一个周期内电网向负载提供能量的平均值为正,电机工作在电动状态;当二者相位差大于90°时,一个周期内电网向负载提供能量的平均值为负,即电网吸收能量,电机工作在发电状态。

输出正弦波电压的调制方法

通过不断改变控制角 α,使交-交变频电路的输出电压波形基本为正弦波的调制方法有多种。这里介绍最基本的、广泛使用的余弦交点法。

设 U_{d0} 为 $\alpha=0$ 时整流电路的理想空载电压,则当控制角为 α 时,变流电路的输出电压为

$$\bar{u}_o = U_{d0}\cos\alpha$$

对交-交变频电路来说,每次控制时 α 角都是不同的。上式中的 u_o 表示每次控制间隔内输出电压的平均值。

设要得到的正弦波输出电压为
$$u_o = U_{om}\sin\omega_o t$$

比较上述两公式，应使 $\cos\alpha = \dfrac{U_{om}}{U_{d0}}\sin\omega_o t = \gamma\sin\omega_o t$

γ 称为输出电压比 $\gamma = \dfrac{U_{om}}{U_{d0}}$ $(0 \leq \gamma \leq 1)$

因此 $\alpha = \arccos(\gamma\sin\omega_o t)$

上式就是用余弦交点法求交-交变频电路 α 角的基本公式。

余弦交点法原理

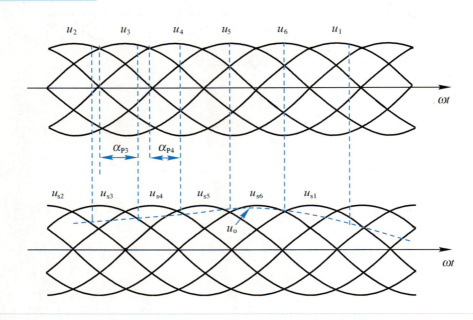

电网线电压 u_{ab}、u_{ac}、u_{bc}、u_{ba}、u_{ca} 和 u_{ab}	➡	依次用 $u_1 \sim u_6$ 表示，相邻两个线电压的交点对应于 $\alpha=0$	➡	$u_1 \sim u_6$ 所对应的同步余弦信号分别用 $u_{s1} \sim u_{s6}$ 表示
$u_{s1} \sim u_{s6}$ 比相应的 $u_1 \sim u_6$ 超前 30°	➡	也就是说，$u_{s1} \sim u_{s6}$ 的最大值正好与相应线电压 $\alpha=0$ 的时刻相对应	➡	若以 $\alpha=0$ 为零时刻，则 $u_{s1} \sim u_{s6}$ 为余弦信号
若希望输出的电压为 u_o	➡	则各晶闸管的触发时刻由相应的同步电压 $u_{s1} \sim u_{s6}$ 的下降段和 u_o 的交点来决定		

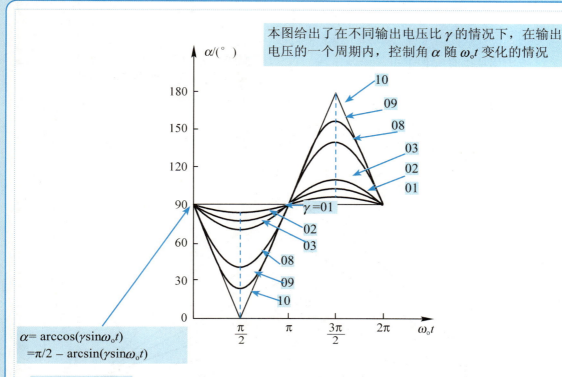

本图给出了在不同输出电压比 γ 的情况下，在输出电压的一个周期内，控制角 α 随 $\omega_o t$ 变化的情况

$\alpha = \arccos(\gamma \sin\omega_o t)$
$= \pi/2 - \arcsin(\gamma \sin\omega_o t)$

当 γ 较小（即输出电压较低）时 ➡ α 仅在邻近 90° 的很小的范围内变化，电路的输入功率因数非常低。

上述余弦交点法可以用模拟电路来实现，但线路较复杂，且不易实现精准控制。采用计算机控制时，可方便地实现准确的运算，而且除了计算 α，还可以实现各种复杂的控制运算，使整个系统获得很好的性能。

输入/输出特性

输出上限频率 交-交变频电路的输出电压是由许多段电网电压"拼接"而成的。

在一个周期内"拼接"的电网电压段数越多，就可使输出电压波形越接近正弦波 ➡ 每段电网电压的平均持续时间是由变流电路的脉波数决定的

电压波形畸变，以及由此产生的电流波形畸变和转矩脉动，是限制输出频率提高的主要因素 ⬅ 当输出频率增高时，输出电压一个周期内所含电网电压的段数就会减少，波形畸变更严重

构成交-交变频电路的两组变流电路的脉波数越多，输出上限频率就越高。就常用的6脉波三相桥式电路而言，一般认为，输出上限频率不高于电网频率的 1/3～1/2。当电网频率为 50Hz 时，交-交变频电路的输出上限频率约为 20Hz。

输入功率因数 交-交变频电路采用的是相位控制方式，因此其输入电流的相位总是滞后于输入电压，需要电网提供无功功率。

由不同输出电压比 γ 的情况波形图可以看出：

| 在输出电压的一个周期内 | → | α 角是以 90° 为中心而前、后变化的，半周期内 α 的平均值越靠近 90°，位移因数越低。 |
| 输出电压比 γ 越小 | → | |

另外，负载的功率因数越低，输入功率因数也越低。而且不论负载功率因数是滞后的还是超前的，输入的无功电流总是滞后的。

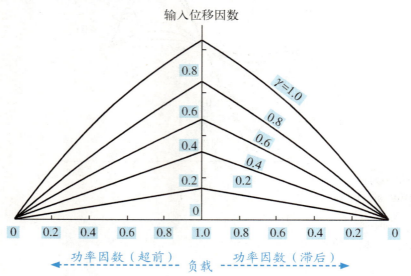

上图给出了以输出电压比 γ 为参变量时，输入位移因数与负载功率因数的关系。输入位移因数也就是输入的基波功率因数，其值通常略大于输入功率因数。因此，上图也大体反映了输入功率因数与负载功率因数之间的关系：

| 即使负载功率因数为 1 且输出电压比 γ 也为 1 | → | 输入功率因数仍小于 1。随着负载功率因数的降低和 γ 的减小，输入功率因数也随之降低。 |

输出电压谐波 → 交-交变频电路输出电压的谐波频谱是非常复杂的，它既与电网频率 f_i 和变流电路的脉波数有关，也与输出频率 f_o 有关。

对于采用三相桥式电路的交-交变频电路，输出电压中所含主要谐波的频率为

$$6f_i \pm f_o, \ 6f_i \pm 3f_o, \ 6f_i \pm 5f_o, \cdots$$
$$12f_i \pm f_o, \ 12f_i \pm 3f_o, \ 12f_i \pm 5f_o, \cdots$$

另外，采用无环流控制方式时，由于受电流方向改变时死区的影响，将使输出电压中增加 $5f_o$、$7f_o$ 等次谐波。

输入电流谐波 → 单相交-交变频电路的输入电流波形和可控整流电路的输入波形类似，但其幅值和相位均按正弦规律被调制。

采用三相桥式电路的交－交变频电路输入电流谐波频率为

$$f_{in} = |(6k\pm1)f_1 \pm 2lf_0|$$

$$f_{in} = f_1 \pm 2kf_0$$

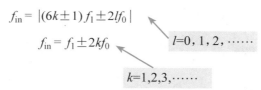

$l=0, 1, 2, \cdots\cdots$

$k=1, 2, 3, \cdots\cdots$

与可控整流电路输入电流的谐波相比，交－交变频电路输入电流的频谱要复杂得多，但各次谐波的幅值要比可控整流电路的谐波幅值小。

前述分析都是基于无环流方式进行的。

在无环流方式下，由于负载电流反向时为保证无环流而必须保留一定的死区时间，这就使得输出电压的波形畸变增大

在负载电流断续时，输出电压被负载电动机反电动势抬高，这也造成输出波形畸变

采用有环流方式可以避免电流断续现象的发生并消除电流死区，改善输出波形，还可提高交－交变频电路的输出上限频率，其控制也比无环流方式简单

设置环流电抗器使设备成本增加，运行效率也因环流而有所降低

8.3.2 三相交－交变频电路

交－交变频电路主要应用于大功率交流电动机调速系统，这种系统使用的是三相交－交变频电路，并且是由三组输出电压相位各差120°的单相交－交变频电路组成的，因此8.3.1节中的许多分析和结论对三相交－交变频电路都是适用的。

电路接线方式

三相交－交变频电路主要有两种接线方式，即公共交流母线进线方式和输出星形联结方式。

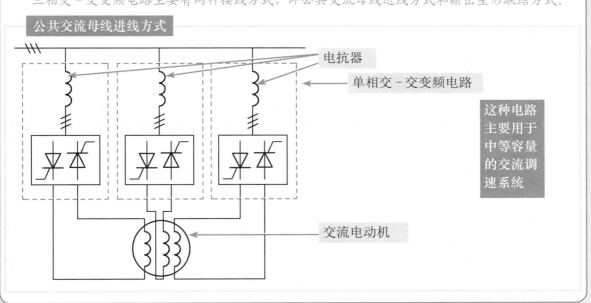

公共交流母线进线方式 — 电抗器 — 单相交－交变频电路 — 交流电动机

这种电路主要用于中等容量的交流调速系统

公共交流母线进线方式

- 电抗器 → 单相交-交变频电路的电源进线通过进线电抗器接在公共的交流母线上。因为电源进线端公用，所以3组单相交-交变频电路的输出端必须隔离。
- 单相交-交变频电路 → 公共交流母线进线方式由3组彼此独立的、输出电压相位相互错开120°的单相交-交变频电路构成。
- 交流电机 → 3个绕组必须拆开，共引出6根线。这种电路主要用于中等容量的交流调速系统。

输出星形联结方式

三相交-交变频电路简图　　　　　三相交-交变频电路详图

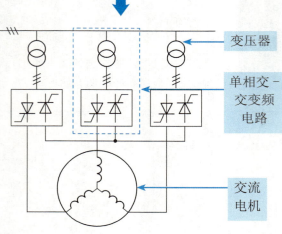
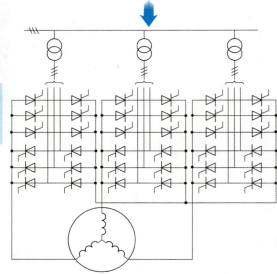

- 变压器
- 单相交-交变频电路
- 交流电机

- 交流电机 → 3组单相交-交变频电路的输出端是星形联结，电机的3个绕组也是星形联结，电机中性点不与变频器中性点接在一起，电机引出3根线即可。

- 变压器 → 由于3组单相交-交变频电路的输出连接在一起，其电源进线就必须隔离，因此3组单相交-交变频器分别用3个变压器供电。

- 由于变频器输出端中性点不与负载中性点相连接 → 在构成三相变频电路的6组桥式电路中，至少要有不同输出相的两组桥路中的4个晶闸管同时导通才能构成回路，形成电流。

与整流电路一样，同一组桥路内的两个晶闸管依靠双触发脉冲保证同时导通，而两组桥路之间则是依靠各自的触发脉冲有足够的宽度来保证其同时导通的。

输入/输出特性

从电路结构和工作原理可以看出，三相交-交变频电路与单相交-交变频电路的输出上限频率和输出电压谐波是一致的，但输入电流和输入功率因数则有一些差别。

输出电压	
单相输出时 U 相输入电流	
三相输出时 U 相输入电流	

上图是在输出电压比 $\gamma=0.5$，负载功率因数 $\cos\varphi=0.5$ 的情况下，三相交－交变频电路输出电压、单相输出时的输入电流和三相输出时的输入电流的波形。

单相输出

因为输出电流是正弦波 正、负半波电流极性相反 但反映到输入电流却是相同的 ➡ 因此，输入电流仅反映输出电流半个周期的脉动，而不反映其极性。

三相输出

三相的输入电流是由 3 个单相交－交变频电路的同一相（上图中为 U 相）输入电流合成而得到的 ➡ 有些谐波相互抵消，谐波种类有所减少，总的谐波幅值有所降低。其谐波频率为

$$f_{in} = |(6k\pm1)f_1 \pm 6lf_0|$$ 和 $$f_{in} = f_1 \pm 6kf_0$$

$k=1,2,3,\cdots$ $l=0,1,2,\cdots$

当变流电路采用三相桥式电路时，三相交－交变频电路输入谐波电流的主要频率为 $f_1\pm 6f_0$、$5f_1$、$5f_1\pm 6f_0$、$7f_1$、$7f_1\pm 6f_0$、$11f_1$、$11f_1\pm 6f_0$、$13f_1$、$13f_1\pm 6f_0$、$f_1\pm 12f_0$ 等。其中，$5f_1$ 谐波的幅值最大。

三相交－交变频电路由 3 组单相交－交变频电路组成，每组单相变频电路都有自己的有功功率、无功功率和视在功率。总输入功率因数为

$$\lambda = \frac{P}{S} = \frac{P_a+P_b+P_c}{S}$$

从上式可以看出，三相交－交变频电路总的有功功率为各相有功功率之和，但其视在功率却不能简单相加，而应该由总输入电流有效值和输入电压有效值来计算，它比三相各自的视在功率之和要小。因此，三相交－交变频电路的总输入功率因数要高于单相交－交变频电路的功率因数。当然，这只是相对于单相交－交变频电路而言，功率因数低仍是三相交－交变频电路的一个主要缺点。

改善输入功率因数和提高输出电压

在输出星形联结的三相交-交变频电路中,各相输出的是相电压,而加在负载上的是线电压。

三相电路 —相电压→ 各相电压中叠加同样的直流分量或3倍于输出频率的谐波分量,它们都不会在线电压中反映出来,因而也加不到负载上。利用这一特性可以使输入功率因数得到改善,并提高输出电压
负载电路 —线电压→

1. 当负载电机低速运行时
2. 变频器输出电压幅值很小
3. 各组桥式电路的 α 角均在 90° 附近
4. 因此输入功率因数很低
5. 如果给各相的输出电压都叠加上同样的直流分量
6. 控制角 α 将减小
7. 但变频器输出线电压并不改变

另一种改善输入功率因数的方法是采用梯形波输出控制方式。

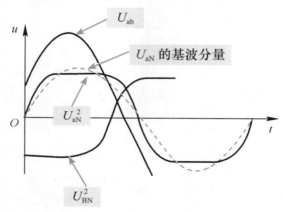

梯形波控制方式的理想输出电压波形

如上图所示,使3组单相变频器的输出电压均为梯形波(也称准梯形波) → 因为梯形波的主要谐波成分是3次谐波,在线电压中,3次谐波相互抵消,结果线电压仍为正弦波 → 因为桥式电路较长时间工作在高输出电压区域,α 角较小,因此输入功率因数可提高约 15%

采用梯形波输出控制方式,相当于给相电压中叠加了3次谐波。相对于直流偏置,这种方法也称为交流偏置 ← 采用梯形波输出控制方式就可以使变频器的输出电压提高约 15% ← 与正弦波相比,在同样幅值的情况下,梯形波中的基波幅值可提高约 15%

>> 特殊提示

与交-直-交变频电路比较,交-交变频电路的优点是,只用一次变流,效率较高;可方便地实现四象限工作,低频输出波形接近正弦波。其缺点是,接线复杂,如采用三相桥式电路的三相交-交变频器至少要用 36 个晶闸管;受电网频率和变流电路脉波数的限制,输出频率较低;输入功率因数较低;输入电流谐波含量大,频谱复杂。

8.4 矩阵式变频电路

近年来，出现了一种新颖的矩阵式变频电路。这种电路也是一种直接变频电路，电路所用的开关器件是全控型的，控制方式不是相控方式而是斩控方式。

下图所示为矩阵式变频电路的主电路拓扑图。

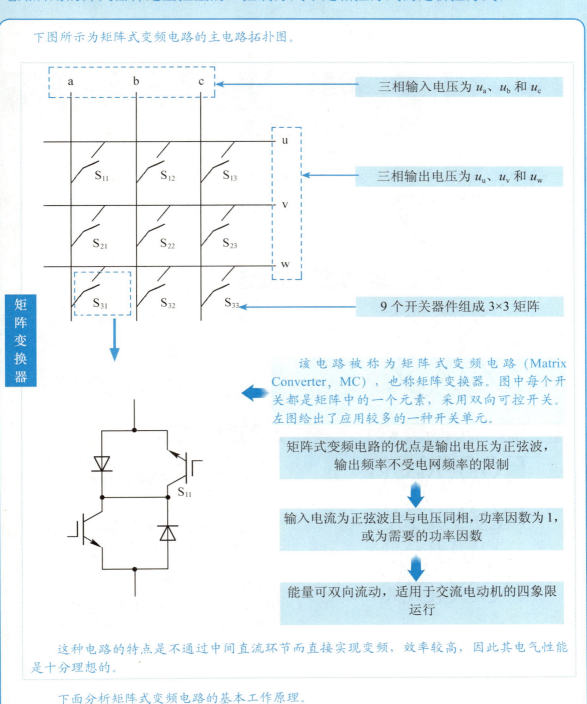

三相输入电压为 u_a、u_b 和 u_c

三相输出电压为 u_u、u_v 和 u_w

9 个开关器件组成 3×3 矩阵

矩阵变换器

该电路被称为矩阵式变频电路（Matrix Converter，MC），也称矩阵变换器。图中每个开关都是矩阵中的一个元素，采用双向可控开关。左图给出了应用较多的一种开关单元。

矩阵式变频电路的优点是输出电压为正弦波，输出频率不受电网频率的限制

输入电流为正弦波且与电压同相，功率因数为1，或为需要的功率因数

能量可双向流动，适用于交流电动机的四象限运行

这种电路的特点是不通过中间直流环节而直接实现变频，效率较高，因此其电气性能是十分理想的。

下面分析矩阵式变频电路的基本工作原理。

对单相交流电压 u_s 进行斩波控制（即进行 PWM 控制）时，如果开关频率足够高，则其输出电压 u_o 为

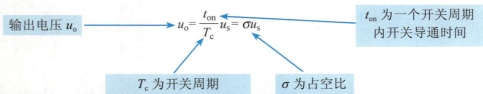

输出电压 u_o → $u_o = \dfrac{t_{on}}{T_c} u_s = \sigma u_s$ ← t_{on} 为一个开关周期内开关导通时间

T_c 为开关周期　　　σ 为占空比

| 1 在不同的开关周期中采用不同的 σ | 2 可得到与 u_s 频率和波形都不同的 u_o | 3 由于单相交流电压 u_s 波形为正弦波 | 4 可用的输入电压部分如下图所示 |

构造输出电压时可利用的输入电压部分（单相输入）

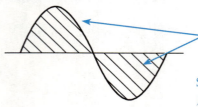

阴影为可用部分

如果将输入交流电源改为三相（如第 1 行的 3 个开关 S_{11}、S_{12} 和 S_{13}）共同作用来构造 u 相输出电压 u_u，就可利用三相输入部分。

构造输出电压时可利用的输入电压部分（三相输入）

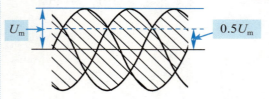

U_m　　$0.5U_m$

从左侧图可以看出：

所构造的 u_u 的频率可不受限制

⇓

若 u_u 为正弦波，那么最大幅值仅为输入相电压 u_a 幅值的 0.5 倍

构造输出电压时可利用的输入电压部分（三相输出构造输出线电压）

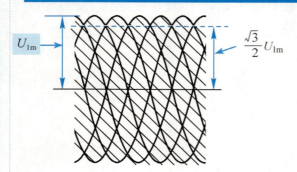

U_{lm}　　$\dfrac{\sqrt{3}}{2} U_{lm}$

用电路中第 1 行和第 2 行的 6 个开关共同作用来构造输出线电压 u_{uv}

⇓

当 u_{uv} 为正弦波时，其最大幅值就可达到输入线电压幅值的 0.866 倍

⇓

这也是正弦波输出条件下矩阵式变频电路理论上最大的输出电压/输入电压比

当利用对开关 S_{11}、S_{12} 和 S_{13} 的控制构造输出电压 u_u 时，为了防止输入电源短路，在任何时刻只能有一个开关接通。考虑到负载一般是阻感负载，负载电流具有电流源性质，为使负载不开路，在任一时刻必须有一个开关接通。因此，u 相输出电压 u_u 与各相输入电压的关系为

$$u_u = \sigma_{11} u_a + \sigma_{12} u_b + \sigma_{13} u_c$$

上式中的 σ_{11}、σ_{12} 和 σ_{13} 为一个开关周期内开关 S_{11}、S_{12}、S_{13} 的导通占空比。由上面的分析可知

$$\sigma_{11}+\sigma_{12}+\sigma_{13}=1$$

若是用同样的方法控制矩阵式变频电路中的第 2 行和第 3 行的各开关，可以得到类似于上式的表达式。将这些公式合写成矩阵的形式，即

$$\begin{bmatrix} u_u \\ u_v \\ u_w \end{bmatrix} = \begin{bmatrix} \sigma_{11} & \sigma_{12} & \sigma_{13} \\ \sigma_{21} & \sigma_{22} & \sigma_{23} \\ \sigma_{31} & \sigma_{32} & \sigma_{33} \end{bmatrix} \begin{bmatrix} u_a \\ u_b \\ u_c \end{bmatrix}$$

可写为 $\quad \boldsymbol{u}_o = \boldsymbol{\sigma} \boldsymbol{u}_i$

式中，

$$\boldsymbol{u}_o = \begin{bmatrix} u_u & u_v & u_w \end{bmatrix}^T$$

$$\boldsymbol{u}_o = \begin{bmatrix} u_a & u_b & u_c \end{bmatrix}^T$$

$$\boldsymbol{\sigma} = \begin{bmatrix} \sigma_{11} & \sigma_{12} & \sigma_{13} \\ \sigma_{21} & \sigma_{22} & \sigma_{23} \\ \sigma_{31} & \sigma_{32} & \sigma_{33} \end{bmatrix}$$

$\boldsymbol{\sigma}$ 称为调制矩阵，它是时间的函数，它的每个元素在每个开关周期中都是不同的。

由于阻感负载的负载电流具有电流源的性质，负载电流的大小是由负载的需要决定的，因此在矩阵式变频电路中 9 个开关的通/断情况确定后，即矩阵中各元素确定后，输入电流 i_a、i_b、i_c 和输出电流 i_u、i_v、i_w 的关系也就确定了。实际上，各相输入电流都分别是各相输出电流按照相应的占空比相加而成的，即

$$\begin{bmatrix} i_a \\ i_b \\ i_b \end{bmatrix} = \begin{bmatrix} \sigma_{11} & \sigma_{21} & \sigma_{31} \\ \sigma_{12} & \sigma_{22} & \sigma_{32} \\ \sigma_{13} & \sigma_{23} & \sigma_{33} \end{bmatrix} \begin{bmatrix} i_u \\ i_v \\ i_w \end{bmatrix}$$

可写为 $\quad \boldsymbol{i}_i = \boldsymbol{\sigma}^T \boldsymbol{i}_o$

式中，$\quad \boldsymbol{i}_i = \begin{bmatrix} i_a & i_b & i_c \end{bmatrix}^T \quad \boldsymbol{i}_o = \begin{bmatrix} i_u & i_v & i_w \end{bmatrix}^T$

对一个实际系统来说，输入电压和所要输出的电流是已知的，设其分别为

ω_i 为输入电压的角频率

ω_o 为输出电流的角频率

$$\begin{bmatrix} u_a \\ u_b \\ u_c \end{bmatrix} = \begin{bmatrix} U_{im}\cos\omega_i t \\ U_{im}\cos\left(\omega_i t - \dfrac{2\pi}{3}\right) \\ U_{im}\cos\left(\omega_i t - \dfrac{4\pi}{3}\right) \end{bmatrix}$$

$$\begin{bmatrix} i_u \\ i_v \\ i_w \end{bmatrix} = \begin{bmatrix} I_{om}\cos(\omega_o t - \varphi_o) \\ I_{om}\cos\left(\omega_o t - \dfrac{2\pi}{3} - \varphi_o\right) \\ I_{om}\cos\left(\omega_o t - \dfrac{4\pi}{3} - \varphi_o\right) \end{bmatrix}$$

U_{im} 为输入电压的幅值

I_{om} 为输出电流的幅值

相应输出频率的负载阻抗角

变频电路期望的输出电压和输入电流分别为

$$\begin{bmatrix} u_u \\ u_v \\ u_w \end{bmatrix} = \begin{bmatrix} U_{om}\cos\omega_o t \\ U_{om}\cos\left(\omega_o t - \dfrac{2\pi}{3}\right) \\ U_{om}\cos\left(\omega_o t - \dfrac{4\pi}{3}\right) \end{bmatrix} \qquad \begin{bmatrix} i_a \\ i_b \\ i_c \end{bmatrix} = \begin{bmatrix} I_{im}\cos(\omega_i t - \varphi_i) \\ I_{im}\cos\left(\omega_i t - \dfrac{2\pi}{3} - \varphi_i\right) \\ I_{im}\cos\left(\omega_i t - \dfrac{4\pi}{3} - \varphi_i\right) \end{bmatrix}$$

U_{om} 为输出电压的幅值 I_{im} 为输入电流的幅值   输入电流滞后于电压的相位角

当期望的输入功率因数为 1 时，$\varphi_i=0$。将上述 4 个公式分别代入 u_u、u_v 和 u_w 后可得：

$$\begin{bmatrix} U_{om}\cos\omega_o t \\ U_{om}\cos\left(\omega_o t - \dfrac{2\pi}{3}\right) \\ U_{om}\cos\left(\omega_o t - \dfrac{4\pi}{3}\right) \end{bmatrix} = \boldsymbol{\sigma} \begin{bmatrix} U_{im}\cos\omega_i t \\ U_{im}\cos\left(\omega_i t - \dfrac{2\pi}{3}\right) \\ U_{im}\cos\left(\omega_i t - \dfrac{4\pi}{3}\right) \end{bmatrix}$$

$$\begin{bmatrix} I_{im}\cos(\omega_i t) \\ I_{im}\cos\left(\omega_i t - \dfrac{2\pi}{3}\right) \\ I_{im}\cos\left(\omega_i t - \dfrac{4\pi}{3}\right) \end{bmatrix} = \boldsymbol{\sigma}^T \begin{bmatrix} I_{om}\cos(\omega_o t - \varphi_o) \\ I_{om}\cos\left(\omega_o t - \dfrac{2\pi}{3} - \varphi_o\right) \\ I_{om}\cos\left(\omega_o t - \dfrac{4\pi}{3} - \varphi_o\right) \end{bmatrix}$$

若能求得满足这两个式子的调制矩阵 $\boldsymbol{\sigma}$，即可得到式中所期望的输出电压和输入电流。但可以满足上述方程的解有许多，直接求解是很困难的。

从上述分析可以看出，要使矩阵式变频电路能够很好地工作，有两个基本问题必须解决。首先要解决的问题是如何求取理想的调制矩阵 $\boldsymbol{\sigma}$，其次就是在开关切换时如何实现既无交叠又无死区。

第 9 章

PWM 控制技术

9.1　PWM 控制的基本原理

9.2　PWM 逆变电路及其控制方法

9.3　PWM 跟踪控制技术

9.4　PWM 整流电路及其控制方法

9.1 PWM 控制的基本原理

PWM（Pulse Width Modulation）控制就是对脉冲的宽度进行调制的技术，即通过对一系列脉冲的宽度进行调制，来等效地获得所需要的波形（含形状和幅值）。

在采样控制理论中有一个重要的结论：当冲量相等而形状不同的窄脉冲加在具有惯性的环节上时，其效果基本相同。

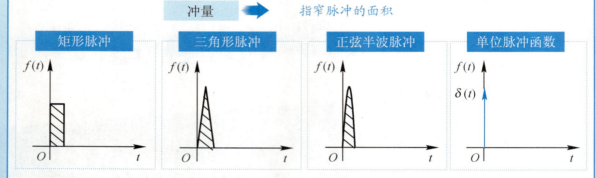

如果将各输出波形用傅里叶变换进行分析，则其低频段非常接近，仅在高频段略有差异。

虽然上述前 3 个脉冲的波形不同 → 但它们的面积（即冲量）都等于 1 → 当它们分别加在具有惯性的同一个环节上时，其输出响应基本相同

↓

这里所说的效果基本相同，是指环节的输出响应波形基本相同。 ← 当窄脉冲变为图中所示的最右侧的单位脉冲函数 $\delta(t)$ 时，环节的响应即为该环节的脉冲过渡函数

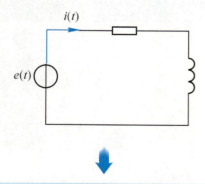
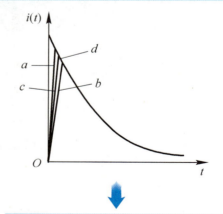

图中电压为窄脉冲电压，为电路的输入。该输入加在可以看成惯性环节的 RL 电路上，设其电流 $i(t)$ 为电路的输出

不同电压窄脉冲时 $i(t)$ 的响应波形

PWM 控制技术在逆变电路中的应用最为广泛，对逆变电路的影响也最为深远。在现今大量应用的逆变电路中，绝大部分是 PWM 型逆变电路。可以说，PWM 控制技术正是有赖于在逆变电路中的应用才发展得比较成熟，也因此确定了它在电力电子技术中的重要地位。

从不同电压窄脉冲时 $i(t)$ 的响应波形可以看出：

| 1 | 在 $i(t)$ 的上升段 | 2 | 脉冲形状不同时，$i(t)$ 的形状也略有不同 | 3 | 但其下降段则几乎完全相同 | 4 | 脉冲越窄，各 $i(t)$ 波形的差异越小 |

| 5 | 如果周期性地施加上述脉冲 | 6 | 则响应 $i(t)$ 也是周期性的 | 7 | 用傅里叶级数分解后可以看出，各 $i(t)$ 在低频段的特性非常接近，仅在高频段有所不同 |

上述原理可以称为面积等效原理，这是 PWM 控制技术的重要理论基础。

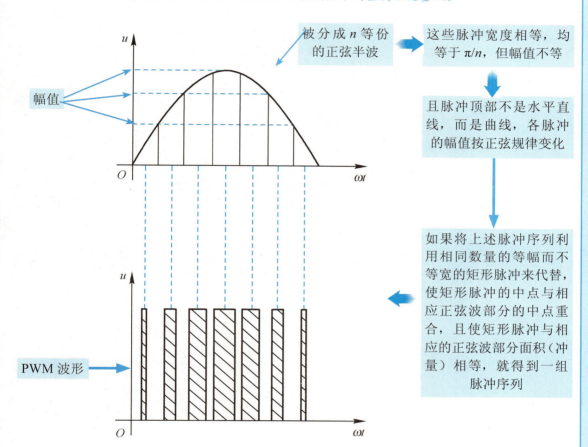

由上述波形可以看出，各脉冲的幅值相等，而宽度是按正弦规律变化的。

根据面积等效原理 → PWM 波形与正弦半波是等效的 → 对于正弦波的负半周，也可以用同样的方法得到 PWM 波形

像这种脉冲宽度按正弦规律变化而与正弦波等效的 PWM 波形，也称 SPWM（Sinusoidal PWM）波形。若要改变等效输出正弦波的幅值，只要按照同一比例系数改变各脉冲的宽度即可。

9.2 PWM 逆变电路及其控制方法

9.2.1 计算法和调制法

PWM 控制技术在逆变电路中的应用十分广泛，目前中小功率的逆变电路几乎都采用了 PWM 控制技术。逆变电路是 PWM 控制技术最为重要的应用场合。

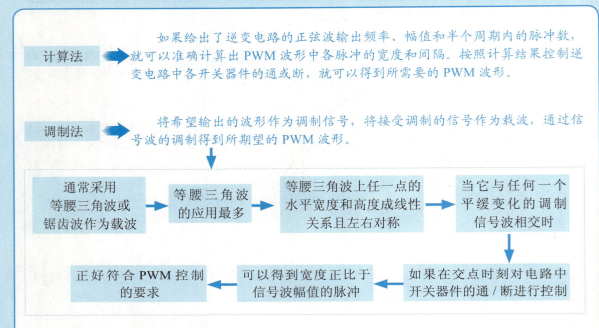

计算法 ➡ 如果给出了逆变电路的正弦波输出频率、幅值和半个周期内的脉冲数，就可以准确计算出 PWM 波形中各脉冲的宽度和间隔。按照计算结果控制逆变电路中各开关器件的通或断，就可以得到所需要的 PWM 波形。

调制法 ➡ 将希望输出的波形作为调制信号，将接受调制的信号作为载波，通过信号波的调制得到所期望的 PWM 波形。

通常采用等腰三角波或锯齿波作为载波 → 等腰三角波的应用最多 → 等腰三角波上任一点的水平宽度和高度成线性关系且左右对称 → 当它与任何一个平缓变化的调制信号波相交时 → 如果在交点时刻对电路中开关器件的通/断进行控制 → 可以得到宽度正比于信号波幅值的脉冲 → 正好符合 PWM 控制的要求

在实际应用中，主要采用的是调制法。下图所示的是采用 IGBT 作为开关器件的单相桥式电压型逆变电路。

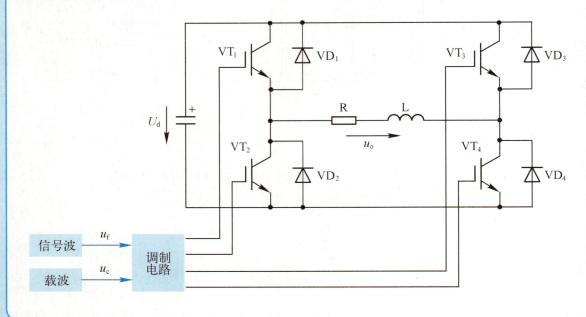

假设负载为阻感负载，工作时 VT_1 和 VT_2 的通断状态互补，VT_3 和 VT_4 的通断状态也互补。具体的控制规律如下所述。

在输出电压 u_n 的正半周期

1	VT_1 保持通态，VT_2 保持断态	2	VT_3 和 VT_4 交替通/断	3	由于负载电流比电压滞后，因此电流有一段区间为正，另一段为负
4	在负载电流为正的区间，VT_1 和 VT_4 导通时	5	负载电压 u_o 等于直流电压 U_d	6	当 VT_4 关断时，负载电流通过 VT_1 和 VD_3 续流，$u_o=0$
7	在负载电流为负的区间	8	仍为 VT_1 和 VT_4 导通时，因 i_o 为负	9	故 i_o 实际上从 VD_1 和 VD_4 流过，仍有 $u_o=U_d$
10	当 VT_4 关断，VT_3 开通后	11	i_o 从 VT_3 和 VD_1 续流，$u_o=0$		

在输出电压 u_n 的负半周期

1	VT_2 保持通态，VT_1 保持断态，VT_3 和 VT_4 交替通/断	2	负载电压 u_o 可以得到 $-U_d$ 和零两种电平

控制 VT_3 和 VT_4 通/断状态的方法如下图所示。

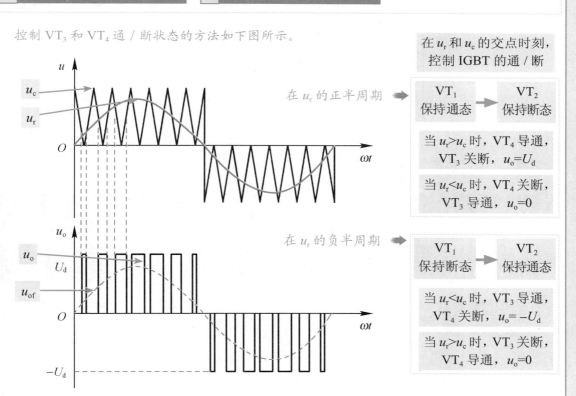

像这种在 u_r 的半个周期内三角波载波仅在正极性或负极性一种极性范围内变化，所得到的 PWM 波形也只在单个极性范围变化的控制方式，称为单极性 PWM 控制方式。

采用双极性控制方式时的波形如下图所示。

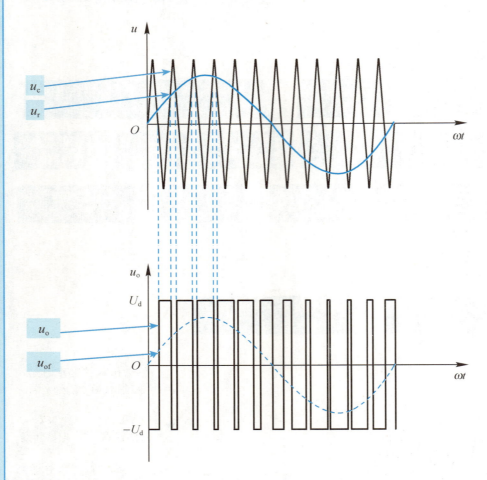

在 u_r 的正、负半周期

1. 在 u_r 的正、负半周期,对各开关器件的控制规律相同
2. 当 $u_r > u_c$ 时,给 VT_1 和 VT_4 以导通信号,给 VT_2 和 VT_3 以关断信号
3. $i_o > 0$,VT_1 和 VT_4 导通;$i_o < 0$,VD_1 和 VD_4 导通
4. 不管是哪种情况,输出电压 $u_o = U_d$
5. 当 $u_r < u_c$ 时,给 VT_2 和 VT_3 以导通信号,给 VT_1 和 VT_4 以关断信号
6. $i_o < 0$,则 VT_2 和 VT_3 导通;$i_o > 0$,则 VD_2 和 VD_3 导通
7. 不管是哪种情况,$u_o = -U_d$

可以看出,单相桥式电路既可采取单极性调制方式,也可采用双极性调制方式。由于对开关器件通/断控制的规律不同,它们的输出波形也有较大的差别。

采用双极性控制方式时,在 u_r 的半个周期内,三角波载波不再是单极性的,而是有正有负,所得的 PWM 波也是有正有负。在 u_r 的一个周期内,输出的 PWM 波只有 $\pm U_d$ 两种电平,而不像单极性控制时还有零电平。仍然在调制信号 u_r 和载波信号 u_c 的交点时刻控制各开关器件的通与断。

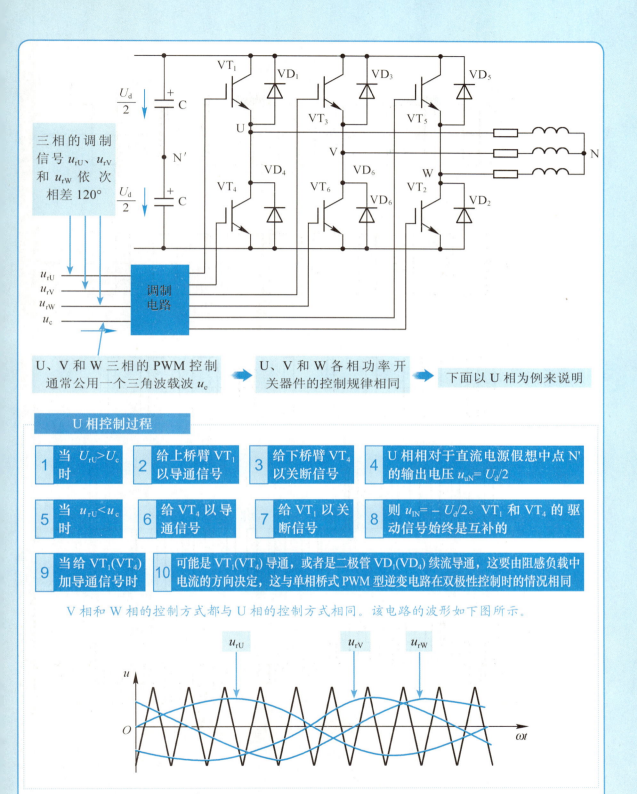

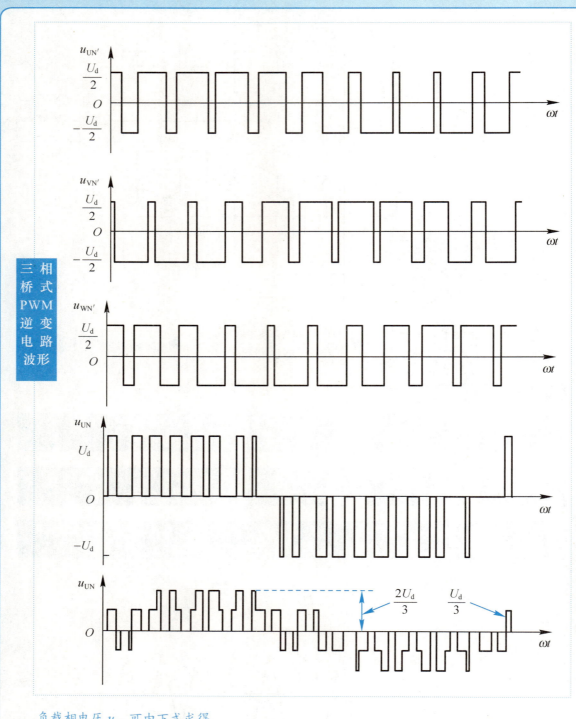

三相桥式PWM逆变电路波形

负载相电压 u_{UN} 可由下式求得

$$u_{UN} = u_{UN'} - \frac{u_{UN'} + u_{VN'} + u_{WN'}}{3}$$

从波形图和上式可以看出，负载相电压的 PWM 波由 $\pm 2U_d/3$、$\pm U_d/3$ 和 0 共 5 种电平组成。在电压型逆变电路的 PWM 控制中，为了防止上、下两个桥臂直通而造成短路，在上、下两桥臂通/断切换时，要留一小段上、下桥臂都施加关断信号的死区时间。死区时间的长短主要由功率开关器件的关断时间来决定。这个死区时间将会给输出的 PWM 波形带来一定影响，使其稍稍偏离正弦波。

接下来将介绍一种特定谐波消去法 (Selected Harmonic Elimination PWM-SHEPWM)。这种方法是计算法中一种较有代表性的方法。

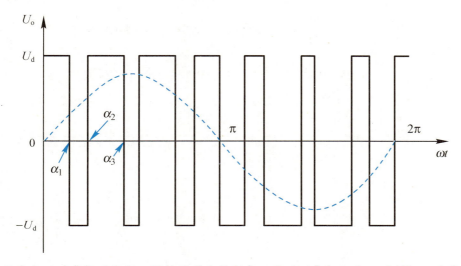

在输出电压的半个周期内，器件开通和关断各 3 次（不包括 0 和 π 时刻），共有 6 个开关时刻可以控制。实际上，为了减少谐波并简化控制，要尽量使波形具有对称性。首先，为了消除偶次谐波，应使波形正、负两半周期镜对称，即

$$u(\omega t) = -u(\omega t + \pi)$$

其次，为了消除谐波中的余弦项，简化计算过程，应使波形在正半周期内前、后 1/4 周期以 π/2 为轴线对称，即

$$u(\omega t) = u(\pi - \omega t)$$

同时满足式上述两个公式的波形称为四分之一周期对称波形。这种波形可用傅里叶级数表示为

$$u(\omega t) = \sum_{n=1,3,5,\ldots}^{\infty} a_n \sin n\omega t$$

式中，a_n 为

$$a_n = \frac{4}{\pi} \int_0^{\frac{\pi}{2}} u(\omega t) \sin n\omega t \, d\omega t$$

本页图中所示的波形是四分之一周期对称的，所以在一个周期内的 12 个开关时刻（不包括 0 和 π 时刻）中，能够独立控制的只有 α_1、α_2 和 α_3 共 3 个时刻。该波形的 a_n 为

$$a_n = \frac{4}{\pi} \left[\int_0^{\alpha_1} \frac{U_d}{2} \sin n\omega t \, d\omega t + \int_{\alpha_1}^{\alpha_2} \left(-\frac{U_d}{2} \sin n\omega t\right) d\omega t + \int_{\alpha_2}^{\alpha_3} \frac{U_d}{2} \sin n\omega t \, d\omega t + \int_{\alpha_3}^{\frac{\pi}{2}} \left(-\frac{U_d}{2} \sin n\omega t\right) d\omega t \right]$$

$$= \frac{2U_d}{n\pi}(1 - 2\cos n\alpha_1 + 2\cos n\alpha_2 - 2\cos n\alpha_3)$$

式中，$n = 1, 3, 5, \ldots$

前页中关于 a_n 的计算公式中含有 α_1、α_2 和 α_3 三个可以控制的变量，根据需要确定基波分量 a_1 的值，再令两个不同的 $a_n=0$，就可以建立 3 个方程，联立即可求得 α_1、α_2 和 α_3，这样就可以消去两种特定频率的谐波。通常在三相对称电路的线电压中，相电压所含的 3 次谐波相互抵消，因此通常可以考虑消去 5 次谐波和 7 次谐波。这样，可得如下联立方程

$$a_1 = \frac{2U_d}{\pi}(1 - 2\cos\alpha_1 + 2\cos\alpha_2 - 2\cos\alpha_3)$$

$$a_5 = \frac{2U_d}{5\pi}(1 - 2\cos 5\alpha_1 + 2\cos 5\alpha_2 - 2\cos 5\alpha_3) = 0$$

$$a_7 = \frac{2U_d}{7\pi}(1 - 2\cos 7\alpha_1 + 2\cos 7\alpha_2 - 2\cos 7\alpha_3) = 0$$

对于给定的基波幅值 a_1，求解上述方程可得一组 α_1、α_2 和 α_3。当基波幅值 a_1 改变时，α_1、α_2 和 α_3 也相应地改变。

>> 特殊提示：

前文讨论的是在输出电压的半周期内器件导通和关断各 3 次时的情况。一般来说，如果在输出电压半个周期内开关器件开通和关断各 k 次，考虑到 PWM 波四分之一周期对称，共有 k 个开关时刻可以控制。除用一个自由度来控制基波幅值外，可以消去 $k-1$ 个频率的特定谐波。当然，k 值越大，开关时刻的计算也越复杂。

9.2.2 异步调制和同步调制

在 PWM 控制电路中，载波频率 f_c 与调制信号频率 f_r 之比 $N=f_c/f_r$ 称为载波比。根据载波和信号波是否同步及载波比的变化情况，PWM 调制方式可分为异步调制和同步调制两种。

异步调制

载波信号与调制信号不保持同步的调制方式称为异步调制。三相桥式 PWM 逆变电路波形就是异步调制三相 PWM 波形。

| 在异步调制方式中，通常保持载波频率 f_c 固定不变，因而当信号波频率 f_r 变化时，载波比 N 是变化的 | ➡ | 在信号波的半个周期内，PWM 波的脉冲个数不固定，相位也不固定，正、负半周期的脉冲不对称，半周期内前、后 1/4 周期的脉冲也不对称 |

| 1 | 当信号波频率较低时，载波比 N 较大 | 2 | 一个周期内的脉冲数较多 | 3 | 正、负半周期脉冲不对称和半周期内前、后 1/4 周期脉冲不对称产生的不利影响都较小 |
| 4 | 当信号波频率增高时，载波比 N 减小 | 5 | 一个周期内的脉冲数减少，PWM 脉冲不对称的影响就变大 | 6 | 有时信号波的微小变化还会产生 PWM 脉冲的跳动 |

这就使得输出 PWM 波与正弦波的差异变大。对于三相桥式 PWM 逆变电路，三相输出的对称性也变差。因此，在采用异步调制方式时，希望采用较高的载波频率，以便在信号波频率较高时仍能保持较大的载波比。

异步调制

载波比 N 等于常数,并在变频时使载波与信号波保持同步的方式,称为同步调制。

在基本同步调制方式中,信号波频率变化时,载波比 N 不变 ➡ 信号波在一个周期内输出的脉冲数是固定的,脉冲相位也是固定的

在三相桥式 PWM 逆变电路中,通常共用一个三角波载波,且取载波比 N 为 3 的整数倍,以使三相输出波形严格对称。同时,为了使每一相的 PWM 波正、负半周镜对称,N 应取奇数。下图所示的是 $N=9$ 时的同步调制三相 PWM 波形。

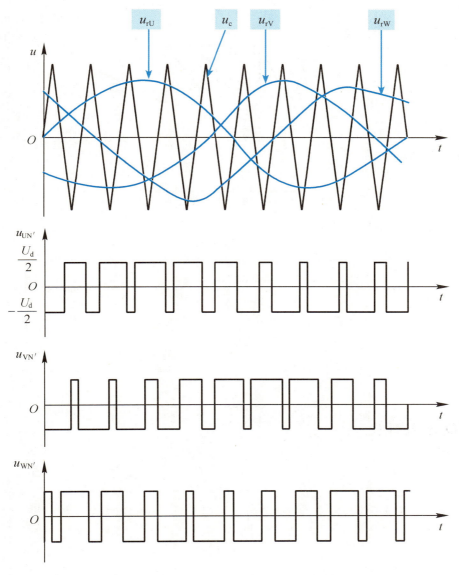

当逆变电路输出频率很低时,同步调制时的载波频率 f_c 也很低。当 f_c 过低时,由调制带来的谐波不易滤除。当负载为电动机时,也会带来较大的转矩脉动和噪声。当逆变电路输出频率很高时,同步调制时的载波频率 f_c 会过高,使开关器件难以承受。

为了克服上述缺点，可以采用分段同步调制的方法。

将逆变电路的输出频率范围划分成若干个频段 ➡ 每个频段内都保持载波比 N 为恒定 ➡ 不同频段的载波比不同

在输出频率高的频段采用较低的载波比，以使载波频率不致过高，限制在功率开关器件允许的范围内。在输出频率低的频段采用较高的载波比，以使载波频率不致过低而对负载产生不利影响。各频段的载波比取 3 的整数倍且为奇数为宜。

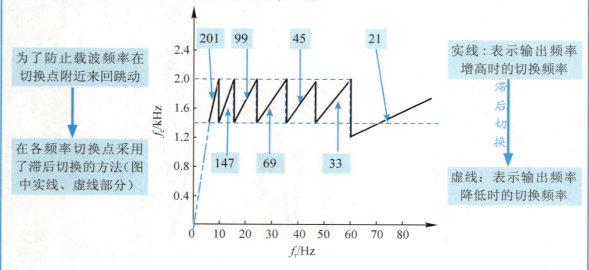

为了防止载波频率在切换点附近来回跳动

在各频率切换点采用了滞后切换的方法（图中实线、虚线部分）

实线：表示输出频率增高时的切换频率

滞后切换

虚线：表示输出频率降低时的切换频率

在不同的频率段内，载波频率的变化范围基本一致，f_c 约为 1.4～2.0kHz。

>> 特殊提示

同步调制方式比异步调制方式复杂一些，但使用计算机控制时还是容易实现的。有的装置在低频输出时采用异步调制方式，而在高频输出时切换到同步调制方式，这样可以将二者的优点结合起来，与分段同步方式的效果接近。

9.2.3 规则采样法

在正弦波和三角波的自然交点时刻控制功率开关器件的通/断，这种生成 SPWM 波形的方法称为自然采样法。

自然采样法是最基本的方法，所得到的 SPWM 波形很接近正弦波。但这种方法要求解复杂的超越方程，在采用计算机控制技术时需耗费大量的计算时间，难以在实时控制中在线计算，因而在工程上实际应用不多。

实际采样时，较多采用规则采样法，其效果接近自然采样法，但计算量却比自然采样法小得多，因此被广泛推广。

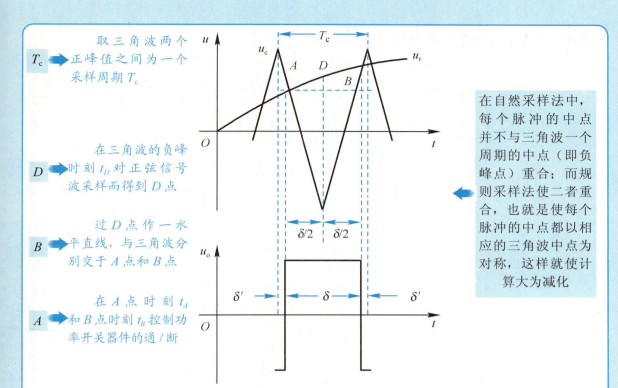

- T_c → 取三角波两个正峰值之间为一个采样周期 T_c
- D → 在三角波的负峰时刻 t_D 对正弦信号波采样而得到 D 点
- B → 过 D 点作一水平直线,与三角波分别交于 A 点和 B 点
- A → 在 A 点时刻 t_A 和 B 点时刻 t_B 控制功率开关器件的通/断

在自然采样法中,每个脉冲的中点并不与三角波一个周期的中点(即负峰点)重合;而规则采样法使二者重合,也就是使每个脉冲的中点都以相应的三角波中点为对称,这样就使计算大为简化

可以看出,用这种规则采样法得到的脉冲的宽度 δ 与用自然采样法得到的脉冲宽度非常接近。

设正弦调制信号波为

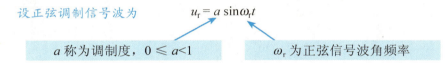

$$u_r = a\sin\omega_r t$$

- a 称为调制度,$0 \leqslant a < 1$
- ω_r 为正弦信号波角频率

从图中可以看出

$$\frac{1+a\sin\omega_r t_D}{\delta/2} = \frac{2}{T_c/2}$$

因此可得

$$\delta = \frac{T_c}{2}(1+a\sin\omega_r t_D)$$

在三角波的一个周期内,脉冲两侧的间隙宽度 δ' 为

$$\delta' = \frac{1}{2}(T_c - \delta) = \frac{T_c}{4}(1 - a\sin\omega_r t_D)$$

对于三相桥式逆变电路,应该形成三相 SPWM 波形。通常三相的三角波载波是共用的,三相正弦调制波的相位依次相差 120°。设在同一个三角波周期内三相的脉冲宽度分别为 δ_U、δ_V 和 δ_W,脉冲两侧的间隙宽度分别为 δ'_U、δ'_V 和 δ'_W,由于在同一时刻三相正弦调制波电压之和为零,由 δ 计算公式可得:

$$\delta_U + \delta_V + \delta_W = \frac{3T_c}{2}$$

同样,由 δ' 计算公式可得:

$$\delta'_U + \delta'_V + \delta'_W = \frac{3T_c}{4}$$

9.2.4 PWM 逆变电路的谐波分析

在 PWM 逆变电路中，应尽可能使输出电压、输出电流接近正弦波。但由于使用载波对正弦信号波进行调制，必然会产生与载波有关的谐波分量。

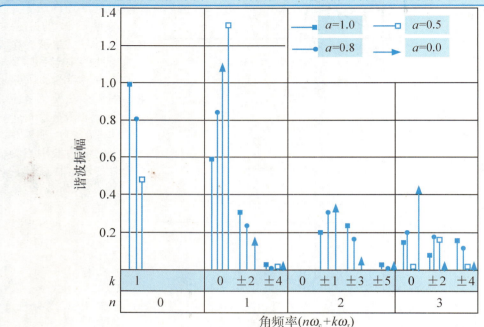

上图所示的是不同调制度 a 的单相桥式 PWM 逆变电路在双极性调制方式下输出电压的频谱图。其中所包含的谐波角频率为

$$n\omega_c \pm k\omega_r$$

式中，$n=1,3,5,\cdots$ 时，$k=0,2,4,\cdots$ ➡ $n=2,4,6,\cdots$ 时，$k=1,3,5,\cdots$

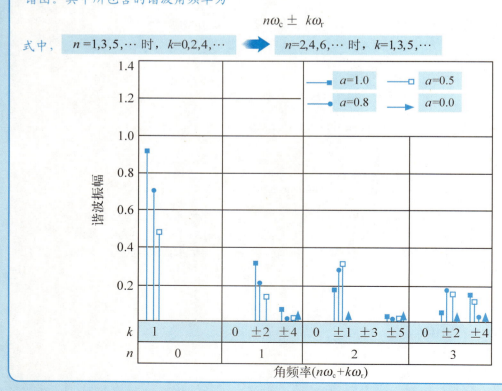

对这两组波形进行分析可以看出，PWM 波中不含有低次谐波，只含有角频率为 ω_c 及其附近的谐波，以及 $2\omega_c$、$3\omega_c$ 等及其附近的谐波。在上述谐波中，幅值最高、影响最大的是角频率为 ω_c 的谐波分量。

在三相桥式 PWM 逆变电路中，可以每相各有一个载波信号，也可以三相共用一个载波信号。这里仅分析应用较多的共用载波信号时的情况。在其输出线电压中，所包含的谐波频率为

$$n\omega_c \pm k\omega_r$$

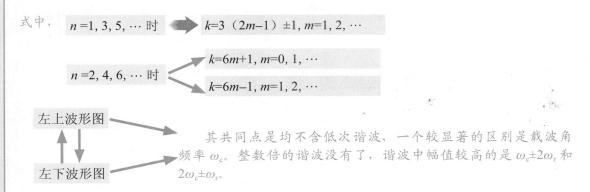

式中，$n=1,3,5,\cdots$ 时　$k=3(2m-1)\pm1, m=1,2,\cdots$

$n=2,4,6,\cdots$ 时　$k=6m+1, m=0,1,\cdots$

　　　　　　　　　　$k=6m-1, m=1,2,\cdots$

左上波形图　　　　其共同点是均不含低次谐波，一个较显著的区别是载波角

左下波形图　　频率 ω_c 整数倍的谐波没有了，谐波中幅值较高的是 $\omega_c\pm2\omega_r$ 和 $2\omega_c\pm\omega_r$。

上述分析都是在理想条件下进行的。在实际应用中，由于采样时刻的误差，以及为避免同一相的上、下桥臂直通而设置的死区的影响，谐波的分布情况将更为复杂。一般来说，实际应用中的谐波含量比理想条件下要多一些，甚至还会出现少量的低次谐波。

>> 特殊提示

从上述分析中可以看出，SPWM 波形中所含的谐波主要是角频率为 ω_c、$2\omega_c$ 及其附近的谐波。一般情况下 $\omega_c \gg \omega_r$，所以 PWM 波形中所含的主要谐波的频率要比基波频率高得多，是很容易滤除的。载波频率越高，SPWM 波形中谐波频率就越高，所需滤波器的体积就越小。

当调制信号波不是正弦波，而是其他波形时，上述分析也有很大的参考价值。在这种情况下，对生成的 PWM 波形进行谐波分析后，可以发现其谐波由两部分组成，一部分是对信号波本身进行谐波分析所得的结果，另一部分是由于信号波对载波的调制而产生的谐波。后者的谐波分布情况与前述对 SPWM 波所进行的谐波分析是一致的。

9.2.5　提高直流电压利用率和减少开关次数

由 9.2.4 节的谐波分析可知，用正弦信号波对三角波载波进行调制时，只要载波比足够高，所得到的 PWM 波中不含低次谐波，仅含与载波频率有关的高次谐波（输出波形中所含谐波的多少是衡量 PWM 控制方法优劣的基本标志，但不是唯一的标志）。提高逆变电路的直流电压利用率、减少开关次数也是很重要的。直流电压利用率是指逆变电路所能输出的交流电压基波最大幅值 U_{1m} 与直流电压 U_d 之比。提高直流电压利用率可以提高逆变器的输出能力，而减少功率器件的开关次数可以降低开关损耗。

正弦波调制的三相 PWM 逆变电路

1 在调制度 a 为最大值 1 时

2 输出相电压的基波幅值为 $U_d/2$

3 输出线电压的基波幅值为 $\sqrt{3}\,U_d/2$，即直流电压利用率仅为 0.866

这个直流电压利用率是比较低的，其原因是正弦调制信号的幅值不能超过三角波幅值。

实际电路工作时，考虑到功率器件的开通和关断都需要时间，如果不采取其他措施，调制度不可能达到 1 采用这种正弦波和三角波比较的调制方法时，实际能得到的直流电压利用率比 0.866 还要低

采用梯形波作为调制信号的三相 PWM 逆变电路

不用正弦波，而采用梯形波作为调制信号，可以有效地提高直流电压利用率。因为当梯形波幅值与三角波幅值相等时，梯形波所含的基波分量幅值已超过了三角波幅值。采用这种调制方式时，决定功率开关器件通/断的方法与用正弦波作为调制信号波时完全相同。

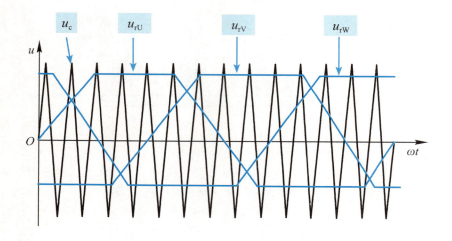

这里对梯形波的形状用三角化率 $\sigma = U_t/U_{to}$ 来描述，其中 U_t 为以横轴为底时梯形波的高，U_{to} 为以横轴为底边将梯形两腰延长后相交所形成的三角形的高。

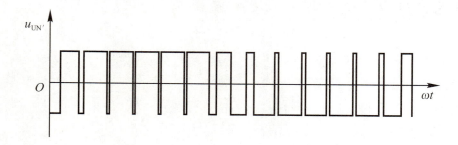

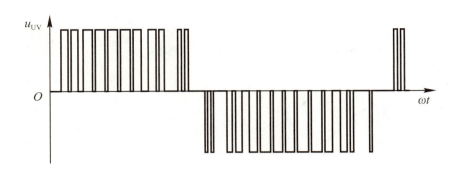

 $a=0$ 时，梯形波变为矩形波 ➡ $a=1$ 时，梯形波变为三角波

设由这些低次谐波（不包括由载波引起的谐波）产生的波形畸变率为 δ，则三角化率 σ 不同时，δ 与直流电压利用率 U_{im}/U_d 也不同

由于梯形波中含有低次谐波，因此调制后的 PWM 波仍含有同样的低次谐波

下图所示的是 δ 和 U_{im}/U_d 随 σ 变化的情况。

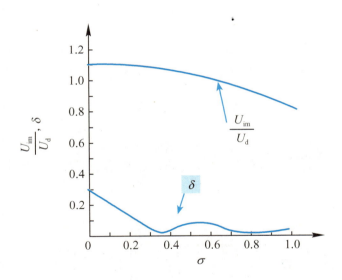

通过上图可以看出：

1. 当 $\sigma \approx 0.8$ 时，谐波含量最少，但直流电压利用率也较低
2. 当 $\sigma=0.4$ 时，谐波含量也较少，δ 约为 3.6%
3. 而直流电压利用率为 1.03，是正弦波调制时的 1.19 倍，其综合效果是比较好的

下图所示的是 σ 变化时各次谐波分量幅值 U_{nm} 和基波幅值 U_{1m} 之比。

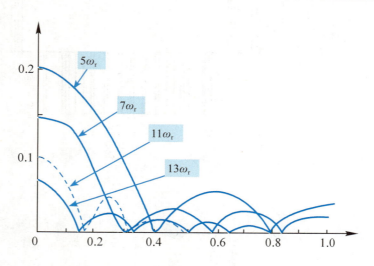

通过上图可以看出，用梯形波调制时，输出波形中含有 5 次、7 次等低次谐波，这是梯形波调制的缺点。实际使用时，可以考虑当输出电压较低时用正弦波作为调制信号，使输出电压不含低次谐波；当正弦波调制不能满足输出电压的要求时，改用梯形波调制，以提高直流电压利用率。

PWM 相电压控制

前面所介绍的各种 PWM 控制方法用于三相逆变电路时，都是对三相输出相电压分别进行控制的。

| 相电压是指逆变电路各输出端相对于直流电源中性点的电压 | | 实际上负载常常没有中性点，即使有中性点，一般也不与直流电源中性点相连接，因此对负载所提供的是线电压 |

PWM 线电压控制

| 在逆变电路输出的 3 个线电压中，独立的仅有 2 个 | | 对 2 个线电压进行控制，适当地利用多余的一个自由度来改善控制性能，这就是线电压控制方式 |

线电压控制方式的目标是使输出的线电压波形中不含低次谐波，同时尽可能提高直流电压利用率，也尽量减少功率器件的开关次数。线电压控制方式的直接控制手段仍是对相电压进行控制，但其控制目标却是线电压。相对线电压控制方式，当控制目标为相电压时，称为相电压控制方式。

如果在相电压正弦波调制信号中叠加适当大小的 3 次谐波，使之成为鞍形波，则经过 PWM 调制后，逆变电路输出的相电压中也必然包含 3 次谐波，且三相的 3 次谐波相位相同。在合成线电压时，各相电压的 3 次谐波相互抵消，线电压为正弦波。

在调制信号中,基波 u_{r1} 正峰值附近恰为 3 次谐波 u_{r3} 的负半波,二者相互抵消。这样,就使调制信号 $u_r = u_{r1}+u_{r3}$ 成为鞍形波,其中可包含幅值更大的基波分量 u_{r1},而使 u_r 的最大值不超过三角波载波最大值。除可以在正弦调制信号中叠加 3 次谐波外,还可以叠加其他 3 倍频于正弦波的信号,也可以再叠加直流分量,这些均不会影响线电压。

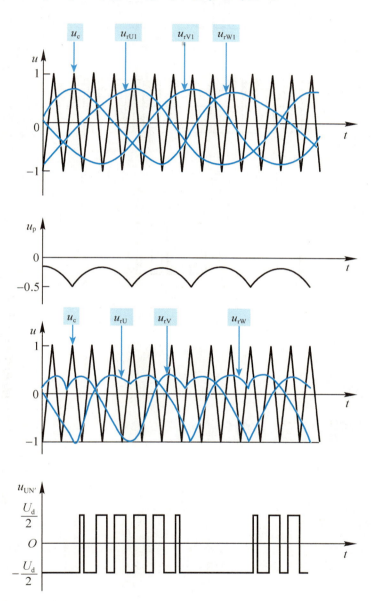

在上图所示的调制方法中,给正弦信号所叠加的信号 u_n 中既包含 3 的整数倍次谐波,也包含直流分量,而且 u_p 的大小是随正弦信号的大小而变化的。设三角波载波幅值为 1,三相调制信号中的正弦波分量分别为 u_{rU1}、u_{rV1} 和 u_{rW1},并令

$$u_p = -\min(u_{rU1}, u_{rV1}, u_{rW1}) - 1$$

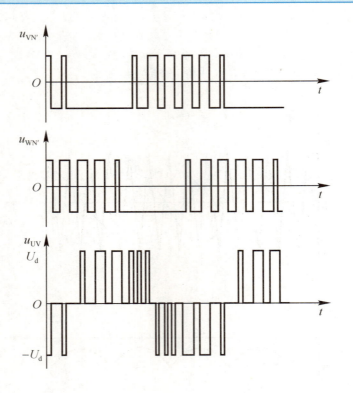

则三相的调制信号分别为

$$u_{rU} = u_{rU1} + u_p$$
$$u_{rV} = u_{rV1} + u_p$$
$$u_{rW} = u_{rW1} + u_p$$

从上图可以看出，这种控制方式有如下优点。

(1) 在信号波的 1/3 周期内，开关器件不动作，可使功率器件的开关损耗减少 1/3。

(2) 最大输出线电压基波幅值为 U_d，与相电压控制方法相比，直流电压利用率提高了 15%。

(3) 输出线电压中不含低次谐波，这是因为相电压中相应的 u_p 的谐波分量相互抵消的缘故。这一性能优于梯形波调制方式。

可以看出，这种线电压控制方式的特性是相当好的；其不足之处是控制有些复杂。

9.2.6 PWM 逆变电路的多重化

和一般逆变电路一样，大容量 PWM 逆变电路也可采用多重化技术来减少谐波。理论上采用 SPWM 技术可以不产生低次谐波，因此在构成 PWM 多重化逆变电路时，一般不再以减少低次谐波为目的，而是为了提高等效开关频率，减少开关损耗，减少与载波有关的谐波分量。

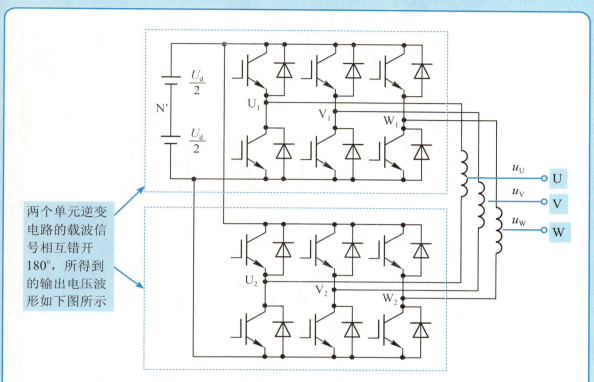

两个单元逆变电路的载波信号相互错开180°，所得到的输出电压波形如下图所示

PWM 逆变电路多重化联结方式分为变压器方式和电抗器方式两种，上图所示的是利用电抗器联结的二重 PWM 逆变电路的例子，该电路的输出从电抗器中心抽头处引出。

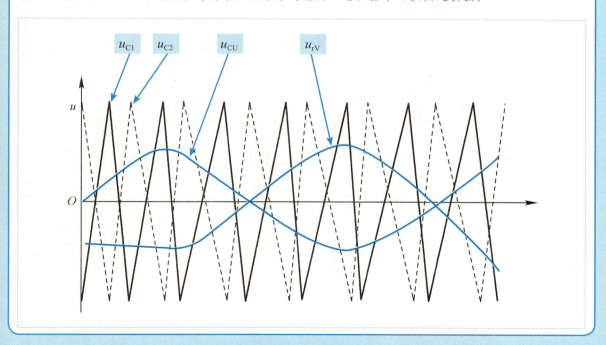

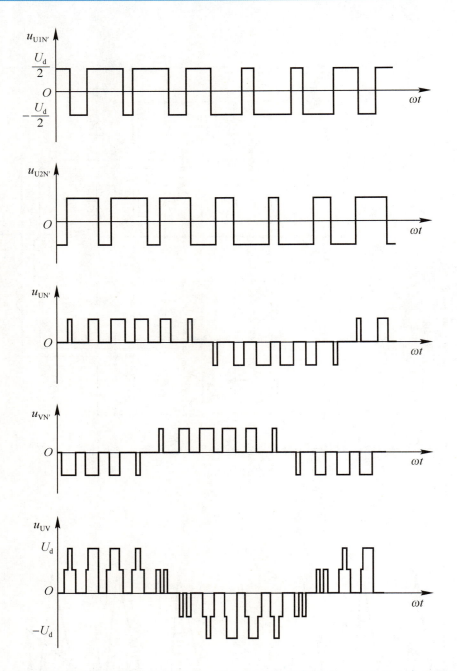

对于多重化电路中合成波形用的电抗器，所加电压的频率越高，所需的电感量就越小。一般多重化电路中电抗器所加电压频率为输出频率，因而需要的电抗器较大。而在多重 PWM 逆变电路中，电抗器上所加电压的频率为载波频率，比输出频率高得多，因此仅需很小的电抗器即可。

二重化后，输出电压中所含谐波的角频率仍可表示为 $n\omega_c + k\omega_r$。其中，当 n 为奇数时，谐波已全部被滤除，谐波的最低频率约为 $2\omega_c$，相当于电路的等效载波频率提高了 1 倍。

9.3 PWM 跟踪控制技术

跟踪控制方法不是用信号波对载波进行调制,而是将希望输出的电流或电压波形作为指令信号,将实际电流或电压波形作为反馈信号,通过二者的瞬时值比较来决定逆变电路各功率开关器件的通/断,使实际的输出跟踪指令信号变化。跟踪控制技术中常用的有滞环比较方式和三角波比较方式。

9.3.1 滞环比较方式

在跟踪型 PWM 逆变电路中,电流跟踪控制应用得最多。下图所示的是采用滞环比较方式的 PWM 电流跟踪控制单相半桥式逆变电路原理图。

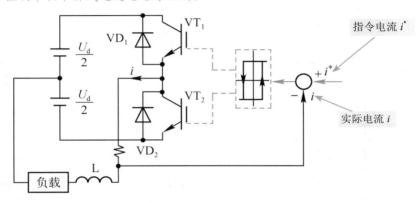

将指令电流 i^* 与实际输出电流 i 的偏差 i^*-i 作为带有滞环特性的比较器的输入,通过其输出来控制功率器件 VT_1 和 VT_2 的通/断。设 i 的正方向如下图所示。

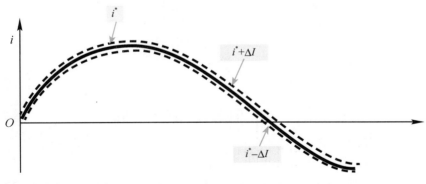

| 1 | 当 i 为正时,VT_1 导通,则 i 增大 | 2 | VD_2 续流导通,则 i 减小 | 3 | 当 i 为负时,VT_2 导通 | 4 | i 的绝对值增大,VD_1 续流导通时,则 i 的绝对值减小 |

上述规律可概括如下:

| 1 | 当 VT_1(或 VD_1)导通时,i 增大 | 2 | 当 VT_2(或 VD_2)导通时,i 减小 |
| 3 | 通过环宽为 $2\Delta i$ 的滞环比较器的控制 | 4 | i 就在 $i^*+\Delta I$ 和 $i^*-\Delta I$ 的范围内,呈锯齿状地跟踪指令电流 i^* |

滞环环宽对跟踪性能有较大的影响。

当环宽过宽时，开关动作频率低，但跟踪误差增大 当环宽过窄时，跟踪误差减小，但开关的动作频率过高，甚至会超过开关器件的允许频率范围，开关损耗随之增大

当 L 过大时，i 的变化率过小，对指令电流的跟踪变慢；当 L 过小时，i 的变化率过大，i^*-i 频繁地达到 $\pm\Delta I$，开关动作频率过高 与负载串联的电抗器 L 可起到限制电流变化率的作用

下图所示的是采用滞环比较方式的三相电流跟踪型 PWM 逆变电路。

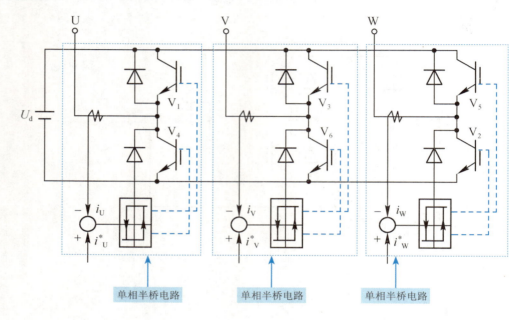

单相半桥电路　　单相半桥电路　　单相半桥电路

该电路由 3 个单相半桥电路组成，三相电流指令信号 i_U^*、i_V^* 和 i_W^* 依次相差 120°。下图所示为该电路输出的线电压和线电流的波形。

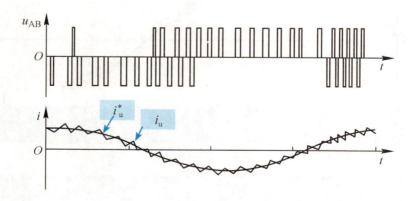

可以看出，在线电压的正半周和负半周内，都有极性相反的脉冲输出，这将使输出电压中的谐波分量增大，也使负载的谐波损耗增加。

采用滞环比较方式也可以实现电压跟踪控制，如下图所示。

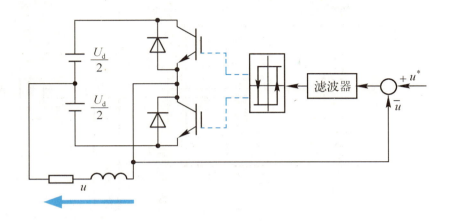

该电路具有如下特点。

(1) 电路简单；
(2) 实时控制方式，电流响应快；
(3) 不用载波，输出电压波形中不含特定频率的谐波分量；
(4) 与计算方法及调制法相比，相同开关频率时输出电流中高次谐波含量较多；
(5) 属于闭环控制，这是各种跟踪型 PWM 逆变电路的共同特点。

| 把指令电压 u^* 与半桥逆变电路的输出电压 u 进行比较 | → | 通过滤波器滤除偏差信号中的谐波分量 | → | 将滤波器的输出送入滞环比较器，由其输出控制主电路开关器件的通/断 |

与电流跟踪控制电路相比，该电路只是将指令信号和反馈信号从电流变为电压。另外，因其输出电压是 PWM 波形，其中含有大量的高次谐波，因此必须用适当的滤波器将其滤除。

1	当上述电路的指令信号 $u^*=0$ 时	2	输出电压 u 为频率较高的矩形波，相当于一个自励振荡电路	3	u^* 为直流信号时，u 产生直流偏移
4	变为正、负脉冲宽度不等，如正宽、负窄或正窄、负宽的矩形波	5	正、负脉冲宽度差由 u^* 的极性和大小决定	6	当 u^* 为交流信号时，只要其频率远低于上述自励振荡频率
7	从输出电压 u 中滤除由功率器件通/断所产生的高次谐波后	8	所得的波形几乎与 u^* 相同，从而实现电压跟踪控制		

9.3.2 三角波比较方式

下图所示的是采用三角波比较方式的电流跟踪型 PWM 逆变电路原理图。

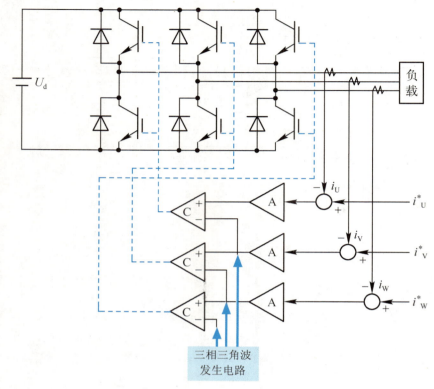

与前面所介绍的调制法不同的是,这里并不是将指令信号与三角波直接进行比较而产生 PWM 波形,而是通过闭环来进行控制的。

从图中可以看出,将指令电流 i_U^*、i_V^* 和 i_W^* 和逆变电路实际输出的电流 i_U、i_V、i_W 进行比较 求出偏差电流,通过放大器 A 放大后,再与三角波进行比较,产生 PWM 波形

在这种三角波比较控制方式中,功率开关器件的开关频率是一定的(等于载波频率),这便于高频滤波器的设计。为了改善输出电压波形,三角波载波常用三相三角波信号。与滞环比较控制方式相比,这种控制方式输出的电流所含的谐波较少,因此常用于对谐波和噪声要求严格的场合。

>> 特殊提示

除了上述滞环比较方式和三角波比较方式,PWM 跟踪控制还有一种定时比较方式。这种方式不用滞环比较器,而是设置一个固定的时钟,以固定的采样周期对指令信号和被控制变量进行采样,并根据二者偏差的极性来控制逆变电路开关器件的通/断,从而使被控制量跟踪指令信号。

9.4 PWM 整流电路及其控制方法

目前，在各个领域实际应用的整流电路几乎都是晶闸管相控整流电路或二极管整流电路。但此电路的输入电流滞后于电压，其滞后角随着触发延迟角 α 的增大而增大，位移因数也随之降低。同时，输入电流中谐波分量也相当大，因此功率因数很低。虽然二极管整流电路的位移因数接近 1，但其输入电流中谐波分量很大，所以功率因数也很低。如前所述，PWM 控制技术首先是在直流斩波电路和逆变电路中发展起来的，随着以 IGBT 为代表的全控型器件的不断进步，在逆变电路中采用的 PWM 控制技术已相当成熟。

9.4.1 PWM 整流电路的工作原理

PWM 整流电路

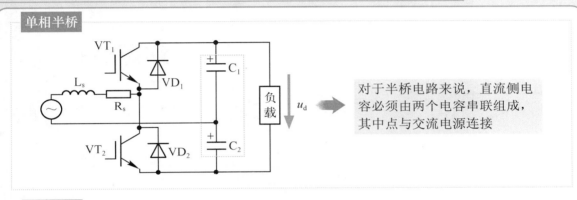

单相半桥

对于半桥电路来说，直流侧电容必须由两个电容串联组成，其中点与交流电源连接

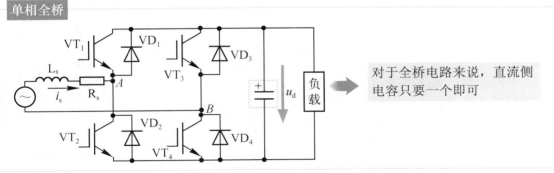

单相全桥

对于全桥电路来说，直流侧电容只要一个即可

电感 L_s → 交流侧电感 L_s 包括外接电抗器的电感和交流电源内部电感，是保障电路正常工作所必须的。

电阻 R_s → 电阻 R_s 包括外接电抗器中的电阻和交流电源的内阻。

下面以全桥电路为例，说明 PWM 整流电路的工作原理。

| 1 | 按照正弦波和三角波相比较的方法，对上述全桥电路进行分析 | 2 | 电路中的 $VT_1 \sim VT_4$ 进行 SPWM 控制，可以在桥的交流输入端 AB 产生一个 SPWM 波 u_{AB} |

| 3 | u_{AB} 中含有与正弦波同频率且幅值成比例的基波分量，以及与三角波载波有关的频率很高的谐波，但不含有低次谐波 |

4	由于电感 L_s 的滤波作用,高次谐波电压只会使交流电流 i_s 产生很小的脉动,可以忽略	5	这样,当正弦波的频率和电源频率相同时,i_s 也是与电源频率相同的正弦波
6	在交流电源电压 u_s 一定的情况下,i_s 的幅值和相位仅由 u_{AB} 中基波分量 u_{ABf} 的幅值及其与 u_s 的相位差来决定	7	改变 u_{ABf} 的幅值和相位,就可以使 i_s 与 u_s 同相位或反相位,或者 i_s 比 u_s 超前 90°,或使 i_s 与 u_s 的相位差为所需要的角度

在整流运行状态下,当 $u_s>0$ 时,由 VT_2、VD_4、VD_1、L_s 和 VT_3、VD_1、VD_4、L_s 分别组成了两个升压斩波电路。以包含 VT_2 的升压斩波电路为例,当 VT_2 导通时,u_s 通过 VT_2、VD_4 向 L_s 储能;当 VT_2 关断时,L_s 中存储的能量通过 VD_1、VD_4 向直流侧电容 C 充电。当 $u_s<0$ 时,由 VT_1、VD_3、VD_2、L_s 和 VT_4、VD_2、VD_3、L_s 分别组成了两个升压斩波电路,其工作原理和 $u_s>0$ 时类似。

因为电路按升压斩波电路工作,所以若控制不当,直流侧电容电压可能比交流电压的峰值高出许多倍,这会对电力半导体器件形成威胁。

下图中的相量图说明了这几种情况。图中 $\dot{U}_s$、$\dot{U}_L$、$\dot{U}_R$ 和 $\dot{I}_s$ 分别为交流电源电压 u_o、电感 L_s 上的电压 u_L、电阻 R_s 上的电压 u_R 及交流电流 i_s 的相量,$\dot{U}_{AB}$ 为 u_{AB} 的相量。

整流运行

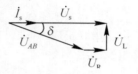

 $\dot{U}_{AB}$ 滞后的相角为 δ

↓

 $\dot{I}_s$ 和 $\dot{U}_s$ 完全同相位

↓

电路工作在整流状态,且功率因数为1。这就是 PWM 整流电路最基本的工作状态

逆变运行

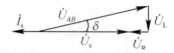

 $\dot{U}_{AB}$ 超前 $\dot{U}_s$ 的相角为 δ

↓

 $\dot{I}_s$ 和 $\dot{U}_s$ 的相位正好相反,电路工作在逆变状态

↓

这说明 PWM 整流电路可以实现能量正、反两个方向的流动,既可以运行在整流状态,从交流侧向直流侧输送能量;也可以运行在逆变状态,从直流侧向交流侧输送能量

无功补偿运行

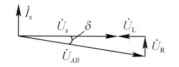

 $\dot{U}_{AB}$ 滞后 $\dot{U}_s$ 的相角为 δ

↓

 $\dot{I}_s$ 超前 $\dot{U}_s$ 90°

↓

电路向交流电源送出无功功率,这时的电路被称为静止无功功率发送器(Static Var Generator,SVG),一般不再称之为 PWM 整流电路

$\dot{I}_s$ 超前角 φ

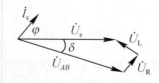

通过对 $\dot{U}_{AB}$ 幅值和相位的控制

↓

 可以使 $\dot{I}_s$ 比 $\dot{U}_s$ 超前或滞后任一角度 φ

若直流侧电压过低,如低于 u_s 的峰值,则 u_{AB} 中就得不到如整流运行状态中足够高的基波电压幅值,或 u_{AB} 中含有较大的低次谐波,这样就不能按照需要控制 i_s,i_s 波形会发生畸变。

从上述分析可以看出,电压型 PWM 整流电路是升压型整流电路,其输出直流电压可以从交流电源电压峰值附近向高调节,若要向低调节,就会使电路性能恶化,以至于不能正常工作。

三相 PWM 整流电路

下图所示的是三相桥式 PWM 整流电路。

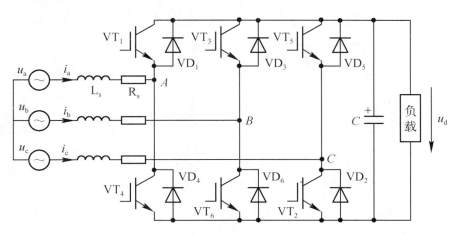

这是最基本的 PWM 整流电路之一,其应用也最为广泛。

电感 L_s ➡ 交流侧电感 L_s 包括外接电抗器的电感和交流电源内部电感,是电路正常工作所必要的条件。

电阻 R_s ➡ 电阻 R_s 包括外接电抗器中的电阻和交流电源的内阻。

| 对电路进行 SPWM 控制,在桥的交流输入端 A、B 和 C 可得到 SPWM 电压 | | 各相电流 i_a、i_b、i_c 为正弦波且与电压相位相同,功率因数近似为 1。 |

9.4.2 PWM 整流电路的控制方法

为了使 PWM 整流电路工作时的功率因数近似为 1,即要求输入电流为正弦波且与电压同相位,可以有多种控制方法。根据是否引入电流反馈,可以将这些控制方法分为两种,未引入交流电流反馈的称为间接电流控制,引入交流电流反馈的称为直接电流控制。

间接电流控制

下图所示为间接电流控制的系统结构图,图中的 PWM 整流电路为三相 PWM 整流电路。

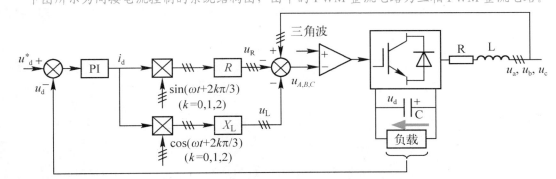

间接电流控制系统的工作过程

1. 直流侧电压给定信号 u_d^* 与实际的直流电压 u_d 比较后，送入 PI 调节器
2. PI 调节器的输出为直流电流指令信号 i_d
3. i_d 与整流器交流电流的幅值成正比
4. 稳态时，$u_d = u_d^*$
5. PI 调节器输入为零，PI 调节器的输出 i_d 与整流器负载电流大小相对应，也与整流器交流输入电流的幅值相对应
6. 当负载电流增大时
7. 直流侧电容 C 放电而使其电压 u_d 下降
8. PI 调节器的输入端出现正偏差
9. 输出 i_d 增大，从而使整流器的交流输入电流增大，直流侧电压 u_d 回升
10. 当达到稳态时
11. u_d 仍与 u_d^* 相等，PI 调节器输入仍恢复到零，而 i_d 则稳定在新的较大的值
12. 当负载电流减小时，调节过程和上述过程相反
13. 若整流器从整流运行变为逆变运行时
14. 负载电流反向，而向直流侧电容 C 充电
15. 使 u_d 升高
16. PI 调节器负偏差，输出 i_d 减小后变为负值
17. 使交流输入电流相位与电压相位反相，实现逆变运行
18. 当达到稳态时，u_d 与 u_d^* 仍然相等
19. PI 调节器输入恢复到零，输出 i_d 为负值，与逆变电流的大小相对应

下面再来分析控制系统中其他部分的工作原理。

1. 图中两个乘法器均为三相乘法器的简单表示，实际上二者均由 3 个单相乘法器组成

   上面的乘法器是 $(i_d \times a)$、$(i_d \times b)$、$(i_d \times c)$ 三相相电压同相位的正弦信号，再乘以电阻 R

2. 就可得到各相电流在 R_s 上的电压降 U_{Ra}、U_{Rb} 和 U_{Rc}

   下面的乘法器是 $(i_d \times a)$、$(i_d \times b)$、$(i_d \times c)$ 三相相电压同相位超前 π/2 的正弦信号，再乘以电阻 R

3. 就可得到各相电流在电感 L_s 上的电压降 u_{La}、u_{Lb} 和 u_{Lc}

4. 各相电源相电压 u_a、u_b、u_c 分别减去前面求得的输入电流在电阻 R 和电感 L 上的电压降

5. 即可得到所需要的整流桥交流输入端各相的相电压 u_a、u_b 和 u_c 的信号，用该信号对三角波载波进行调制，得到 PWM 开关信号，再去控制整流桥，就可以得到需要的控制效果

从控制系统结构及上述分析可以看出，这种控制方法在信号运算过程中要用到电路参数 L_s 和 R_s。当 L_s 和 R_s 的运算值与实际值有误差时，必然会影响控制效果。此外，对照整流运行的相量图可以看出，这种控制方法是基于系统的静态模型设计的，其动态特性较差。因此，间接电流控制的系统应用较少。

直接电流控制

在这种控制方法中，通过运算求出交流输入电流指令值，再引入交流电流反馈，通过对交流电流的直接控制而使其跟踪指令电流值。

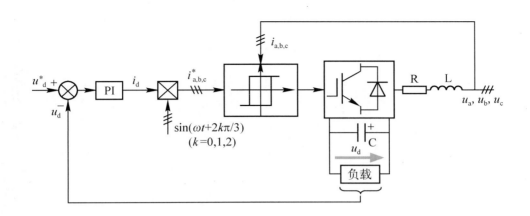

上图所示的控制系统是一个双闭环控制系统。其外环是直流电压控制环，内环是交流电流控制环，外环的结构和工作原理与间接电流控制系统的类似。外环的工作如下所述。

| 1 | 外环 PI 调节器的输出为直流侧电流信号 i_d，i_d 分别乘以与 a、b、c 三相相电压同相位的正弦信号 | 2 | 就得到三相交流电流的正弦指令信号 i_a^*，i_b^* 和 i_c^* |

| | 该指令信号与实际交流电流信号比较后，通过滞环对各开关器件进行控制 | ⇒ | 便可使实际交流输入电流跟踪指令值，其跟踪误差在由滞环环宽所决定的范围内 |

采用滞环电流比较的直接电流控制系统的结构较为简单，电流响应速度快。控制运算中未使用电路参数，系统鲁棒性好，因而得到了较多的应用。

第 10 章

软开关技术

10.1 软开关的基本认知

10.2 软开关电路的分类

10.3 典型的软开关电路

10.1 软开关的基本认知

10.1.1 软开关

在实际电路中，滤波电感、电容和变压器的体积和质量占很大比例。从相关知识可以知道，提高开关频率可以减小滤波器的参数，并实现变压器小型化，从而有效地降低装置的体积和质量。但是，在提高开关频率的同时，开关损耗也会随之增加，电路效率严重下降，电磁干扰也增大了，所以这种办法实际上是行不通的。针对这些问题，软开关技术应运而生，它主要解决电路中的开关损耗和开关噪声问题，使开关频率可以大幅度提高。

硬开关

硬开关电路 ➡ 在通常的电路中，开关的开通和关断过程伴随着电压和电流的剧烈变化，由此产生较大的开关损耗和开关噪声，这样的开关过程称为硬开关。主要开关过程为硬开关的电路称为硬开关电路。

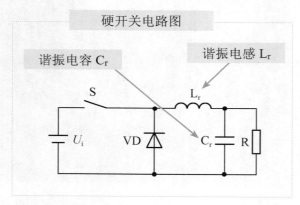

硬开关电路图

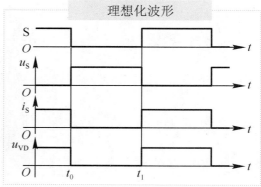

理想化波形

硬开关电路存在的主要问题是，开关损耗和开关噪声较大。开关损耗随着开关频率的提高而增加，使电路效率下降，阻碍了开关频率的提高；开关噪声给电路带来严重的电磁干扰问题，从而影响周边电子设备的正常工作。

软开关

谐振开关 ➡ 软开关电路在电路中增加了小电感、电容等谐振元件，在开关过程中引入谐振，使开关条件得以改善，从而降低开关损耗和开关噪声。因此，软开关有时也被称为谐振开关。

软、硬开关电路对比

与硬开关电路相比，软开关电路中增加了谐振电感 L_r 和谐振电容 C_r，与滤波电感 L、电容 C 相比，L_r 和 C_r 的值要小得多。

与硬开关电路相比，软开关电路在开关 S 处增加了反并联二极管 VD_s。

下图所示的是一种典型的软开关电路——零电压开关准谐振电路，以及其开关过程的理想化波形。

零电压开关准谐振电路图　　　　　理想化波形

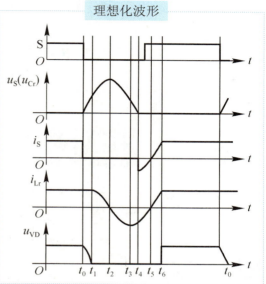

软开关电路中 S 关断后，L_r 与 C_r 之间发生谐振

电压和电流的波形类似于正弦半波

谐振减缓了开关过程中电压、电流的变化，而且使 S 两端的电压在其开通前就降为零，从而使开关损耗和开关噪声都大大降低。

10.1.2　全波桥式整流电路

| 零电压开通 |  若开关开通前其两端电压为零，则开关开通时就不会产生开关损耗和开关噪声，这种开通方式称为零电压开通。 |

零电流关断　　若开关关断前其电流为零，则开关关断时就不会产生开关损耗和开关噪声，这种关断方式称为零电流关断。

在很多情况下，不再指出开通或关断，仅称其为零电压开关和零电流开关。零电压开通和零电流关断要靠电路中的谐振来实现。

零电压关断　　与开关并联的电容能使开关关断后电压上升延缓，从而降低关断损耗，有时称这种关断过程为零电压关断。

零电流开通　　与开关相串联的电感能使开关开通后电流上升延缓，从而降低开通损耗，有时称这种开通过程为零电流开通。

简单地利用并联电容实现零电压关断或利用串联电感实现零电流开通，一般会给电路造成总损耗增加、关断过电压增大等负面影响，因此是得不偿失的。

10.2 软开关电路的分类

根据电路中主要的开关元件是零电压开通还是零电流关断，可以将软开关电路分成零电压电路和零电流电路两大类。通常，一种软开关电路要么属于零电压电路，要么属于零电流电路。

软开关电路可以分为准谐振电路、零开关PWM电路和零转换PWM电路。由于每种软开关电路都可以用于降压型、升压型等不同电路，因此可以用下图中的基本开关单元来表示，不必绘制出各种具体电路。

基本单元开关

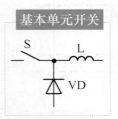

降压斩波器中的基本开关单元

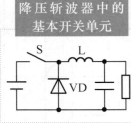

升压斩波器中的基本开关单元

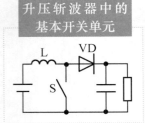

升/降压斩波器中的基本开关单元

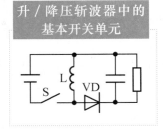

准谐振电路

这是最早出现的软开关电路，其中有些现在还在大量使用。准谐振电路可以分为零电压开关准谐振电路（Zero-Voltage-Switching Quasi-Resonant Converter，ZVSQRC）、零电流开关准谐振电路（Zero-Current-Switching Quasi-Resonant Converter，ZCSQRC）和零电压开关多谐振电路（Zero-Voltage-Switching Multi-Resonant Converte，ZVSMRC）。

零电压开关准谐振电路的基本开关单元

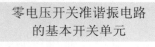
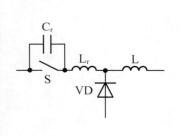

零电流开关准谐振电路的基本开关单元

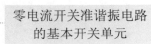
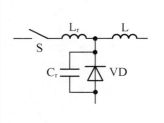

零电压开关多谐振电路的基本开关单元

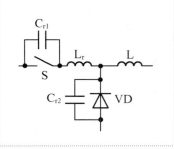

准谐振 在准谐振电路中，电压或电流的波形为正弦半波，因此称之为准谐振。

谐振的引入，使得电路的开关损耗和开关噪声都大大下降 但谐振电压峰值很高，要求器件耐压必须提高 谐振电流的有效值很大

谐振周期随输入电压、负载变化而改变，因此电路只能采用脉冲频率调制（Pulse Frequency Modulation，PFM）方式来控制，变频的开关频率给电路设计带来困难 ⇐ 造成电路导通损耗加大 ⇐ 电路中存在大量的无功功率的交换

零开关 PWM 电路

在这类电路中，引入了辅助开关来控制谐振的开始时刻，使谐振仅发生于开关过程前、后。零开关 PWM 电路可以分为零电压开关 PWM 电路（Zero-Voltage-Switching PWM Converter，ZVS PWM）和零电流开关 PWM 电路（Zero-Current-Switching PWM Converter，ZCS PWM）。

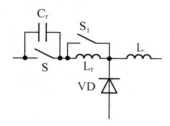

零电压开关 PWM 电路基本开关单元

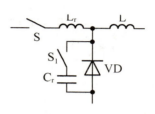

零电流开关 PWM 电路基本开关单元

与准谐振电路相比，这类电路有如下明显的优势。

电压和电流基本上是方波，只是上升沿和下降沿较缓 开关承受的电压明显降低，电路可以采用开关频率固定的 PWM 控制方式

零转换 PWM 电路

这类软开关电路还是采用辅助开关控制谐振的开始时刻，所不同的是，谐振电路是与主开关并联的，因此输入电压和负载电流对电路的谐振过程的影响很小，电路的输入电压范围很宽，从零负载到满载都能工作在软开关状态。而且电路中无功功率的交换被削减到最小，这使得电路效率有了进一步提高。零转换 PWM 电路可以分为零电压转换 PWM 电路（Zero-Voltage-Transition PWM Converter，ZVT PWM）和零电流转换 PWM 电路（Zero-CurrentTransition PWM Converter，ZVT PWM）

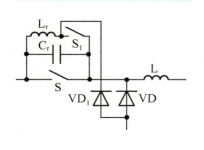

零电压转换 PWM 电路基本开关单元

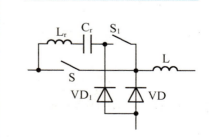

零电流转换 PWM 电路基本开关单元

10.3 典型的软开关电路

10.3.1 零电压开关准谐振电路

零电压开关准谐振电路是一种较为早期的软开关电路，但由于其结构简单，所以目前仍然在一些电源装置中应用。

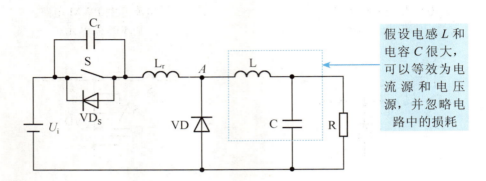

假设电感 L 和电容 C 很大，可以等效为电流源和电压源，并忽略电路中的损耗

开关电路的工作过程是按开关周期重复的，在分析时，可以选择开关周期中任意时刻作为分析起点。软开关电路的开关过程较为复杂，选择合适的分析起点可以使分析得到简化。

$t_0 \sim t_1$ 时段

| 1 在 t_0 时刻之前 | 2 开关 S 为通态，VD 为断态 | 3 $u_{Cr}=0$，$i_{Lr}=I_L$ | 4 在 t_0 时刻，S 关断 | 5 与其并联的 C 放电 |

| 6 使 S 关断后电压上升减缓，因此 S 的关断损耗减小 | 7 S 关断后，VD 尚未导通，电路可以等效如下图所示 |

 电感 L_r+L 向 C_r 充电

 由于 L 很大，故可以等效为电流源，u_{Cr} 线性上升

 同时 VD 两端电压 u_{VD} 逐渐下降

直到 t_1 时刻，$u_{VD}=0$，VD 导通

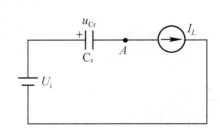

这一时段 u_{Cr} 的上升率为 $\dfrac{du_{Cr}}{du}=\dfrac{I_L}{C_r}$

$t_1 \sim t_2$ 时段

在 t_1 时刻,VD 导通,电感 L 通过 VD 续流,C_r、L_r、U_i 形成谐振回路,如下图所示:

在谐振过程中,L_r 对 C_r 充电

u_{Cr} 不断上升,i_{Lr} 不断下降

直到 t_2 时刻,i_{Lr} 下降到零

u_{Cr} 达到谐振峰值

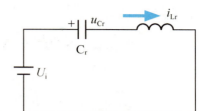

$t_2 \sim t_3$ 时段

1. 在 t_2 时刻之前
2. C_r 向 L_r 放电
3. i_{Lr} 改变方向
4. u_{Cr} 不断下降
5. 直到 t_3 时刻
6. $u_{Cr}=U_i$
7. 这时,L_r 两端电压为零,i_{Lr} 达到反向谐振峰值

$t_3 \sim t_4$ 时段

1. 在 t_3 时刻以后
2. L_r 向 C_r 反向充电
3. u_{Cr} 继续下降
4. 直到 t_4 时刻 $u_{Cr}=0$

t_1 到 t_4 时段电路谐振过程的方程为

$$L_r \frac{di_{Lr}}{dt} + u_{Cr} = U_i$$

$$C_r \frac{du_{Cr}}{dt} = i_{Lr}$$

$$u_{Cr}|_{t=t_1} = U_i, \; i_{Lr}|_{t=t_1} = I_L, \; t \in [t_1, t_4]$$

$t_4 \sim t_5$ 时段

1. u_A 被钳位于零
2. L_r 两端电压为 U_i
3. i_{Lr} 线性衰减,直到 t_5 时刻,$i_{Lr}=0$

由于这一时段 S 两端电压为零,所以必须在这一时段使开关 S 开通,才不会产生开通损耗。

$t_5 \sim t_6$ 时段

1. S 为通态,i_{Lr} 线性上升
2. 直到 t_6 时刻,$i_{Lr}=I_L$,VD 关断

t_4 到 t_6 时段电流 i_{Lr} 的变化率为

$$\frac{di_{Lr}}{dt} = \frac{U_i}{L_r}$$

$t_6 \sim t_0$ 时段

S 为通态，VD 为断态

谐振过程是软开关电路工作过程中最重要的部分。通过对谐振过程的详细分析，可以得到很多对软开关电路的分析、设计和应用具有指导意义的重要结论。下面就对零电压开关准谐振电路 t_1 到 t_4 时段的谐振过程进行定量分析。

通过求解 u_{Cr} 式可得 u_{Cr}（即开关 S 上的电压 U_S）的表达式为

$$u_{Cr}(t) = \sqrt{\frac{L_r}{C_r}} I_L^2 \sin\omega_r(t-t_1) + U_i, \omega_r = \frac{1}{\sqrt{L_rC_r}}, t \in [t_1, t_4]$$

求其在 $[t_1, t_4]$ 上的最大值，就得到 u_{Cr} 的谐振峰值表达式，这一谐振峰值就是开关 S 承受的峰值电压。

$$U_p = \sqrt{\frac{L_r}{C_r}} I_L^2 + U_i$$

从 $u_{Cr}(t)$ 公式可以看出如果正弦项的幅值小于 U_i，u_{Cr} 就不可能谐振到零，S 也就不可能实现零电压开通，因此

$$\sqrt{\frac{L_r}{C_r}} I_L^2 \geq U_i$$

就是零电压开关准谐振电路实现软开关的条件。

综合上述两式，谐振电压峰值将高于输入电压 U_i 的 2 倍，开关 S 的耐压必须相应提高。这就增加了电路的成本，降低了可靠性，这也是零电压开关准谐振电路的一大缺点。

10.3.2 谐振直流环

谐振直流环是适用于变频器的一种软开关电路。以这种电路为基础，出现了不少性能更好的用于变频器的软开关电路。对这一基本电路进行分析，将有助于理解其各种导出电路的原理。

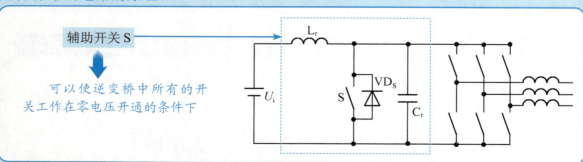

辅助开关 S 可以使逆变桥中所有的开关工作在零电压开通的条件下

各种交流－直流－交流变换电路中都存在中间直流环节（DC-Link）。谐振直流环电路通过在直流环节中引入谐振，使电路中的整流或逆变环节工作在软开关的条件下。

由于电压型逆变器的负载通常为感性负载，而且在谐振过程中逆变电路的开关状态是不变的，因此在分析时可以将电路等效为下图：

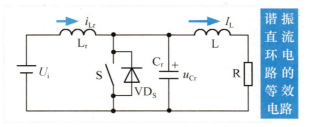

谐振直流环路的等效电路

理想化波形如下图所示。

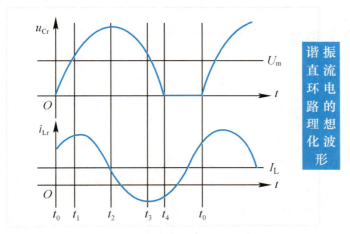

谐振直流环路的理想化波形

与谐振过程相比，由于感性负载的电流变化非常缓慢，因此可以将负载电流视为常量。在分析中忽略电路中的损耗。

下面以开关 S 关断时刻为起点，分阶段分析电路的工作过程。

$t_0 \sim t_1$ 时段

1. 在 t_0 时刻之前 2. 电感 L_r 中的电流 i_{Lr} 大于负载电流 I_L 3. 开关 S 处于通态，t_0 时刻 S 关断
4. 电路中发生谐振，因为 $i_{Lr} > I_L$ 5. i_{Lr} 对 C_r 充电，u_{Cr} 不断升高，直到 t_1 时刻，$u_{Cr} = U_i$

$t_1 \sim t_2$ 时段

1. 在 t_1 时刻，$u_{Cr} = U_i$ 2. L_r 两端电压差为零 3. 因此谐振电流 i_{Lr} 达到峰值
4. t_1 时刻以后，i_{Lr} 继续向 C_r 充电并不断减小 5. 直到 t_2 时刻，$i_{Lr} = I_L$，u_{Cr} 达到谐振峰值

$t_2 \sim t_3$ 时段

1. t_2 时刻以后，u_{Cr} 向 L_r 放电 2. i_{Lr} 继续降低，到零后反向 3. C_r 继续向 L_r 放电
4. i_{Lr} 反向增加，直到 t_3 时刻 $u_{Cr} = U_i$

$t_3 \sim t_4$ 时段

1 在 t_3 时刻，$u_o = U_i$，i_{Lr} 达到反向谐振峰值　　**2** 然后 i_{Lr} 开始衰减，u_{Cr} 继续下降

3 $u_{Cr} = 0$，S 的反并联二极管 VD_s 导通，u_c 被钳位于零

$t_4 \sim t_0$ 时段

S 导通，电流 i_{Lr} 线性上升，直到 t_0 时刻，S 再次关断

与零电压开关准谐振电路相似，谐振直流环电路中电压 u_{Cr} 的谐振峰值很高，这就增加了对开关器件耐压的要求。

10.3.3　移相全桥型零电压开关 PWM 电路

下图所示的移相全桥电路是目前应用最广泛的软开关电路之一，它的特点是电路很简单。

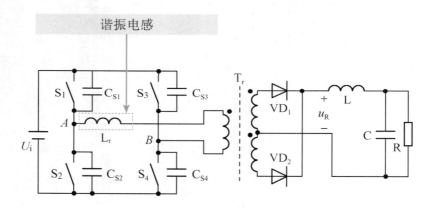

与硬开关全桥电路相比，移相全桥型零电压开关 PWM 电路并没有增加辅助开关等元件，而是仅增加了一个谐振电感，就使得电路中 4 个开关器件均在零电压的条件下开通，这得益于其独特的控制方法。

移相全桥电路控制方式的特点。

(1) 在一个开关周期 T_s 内，每个开关导通的时间都略小于 $T_s/2$，而关断的时间都略大于 $T_s/2$。

(2) 在同一个半桥中，上、下两个开关不能同时处于通态，每个开关关断到另一个开关开通都要经过一定的死区时间。

(3) 比较互为对角的两对开关 S_1 与 S_4、S_2 与 S_3 的开关函数的波形，S_1 的波形比 S_4 超前 $0 \sim T_s/2$ 时间，而 S_2 的波形比 S_3 超前 $0 \sim T_s/2$ 时间，因此称 S_1 和 S_2 为超前的桥臂，而称 S_3 和 S_4 为滞后的桥臂。

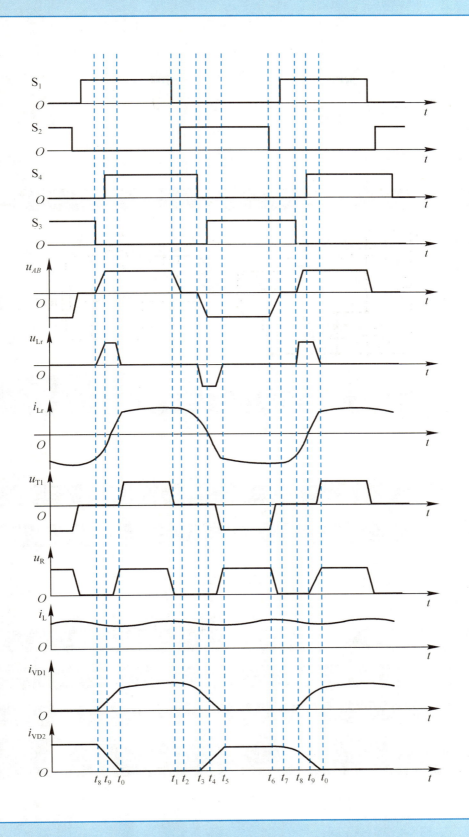

在分析过程中，假设开关器件都是理想的，并忽略电路中的损耗。

$t_0 \sim t_1$ 时段

在这一时段，S_1 与 S_4 都导通，直到 t_1 时刻 S_1 关断

$t_1 \sim t_2$ 时段

1. 在 t_1 时刻，开关 S_1 关断
2. 电容 C_{S1}、C_{S2} 与电感 L_r、L 构成谐振回路

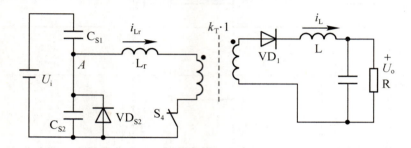

3. 谐振开始时 $u_A(t_1)=U_i$
4. 在谐振过程中，u_A 不断下降
5. 直到 $u_A=0$，VD_{S2} 导通，电流 i_{Lr} 通过 VD_{S2} 续流

$t_2 \sim t_3$ 时段

1. 在 t_2 时刻，开关 S_2 开通
2. 由于此时其反并联二极管 VD_{S2} 正处于导通状态，S_2 开通时电压为零
3. 开通过程中不会产生开关损耗
4. S_2 开通后，电路状态也不会改变，继续保持到 t_3 时刻 S_4 关断

$t_3 \sim t_4$ 时段

1. 在 t_4 时刻开关 S_4 关断
2. 这时变压器二次侧的 VD_1 和 VD_2 同时导通
3. 变压器一次电压和二次电压均为零，相当于短路
4. 变压器一次侧 C_{S3}、C_{S4} 与 L_r 构成谐振回路
5. 谐振过程中，谐振电感 L_r 中的电流不断减小
6. B 点电压不断上升
7. 直到 VD_{S3} 导通
8. 这种状态维持到 t_4 时刻 S_3 开通。当 S_3 开通时，VD_{S3} 导通，因此 S_3 是在零电压的条件下开通，开通损耗为零

$t_4 \sim t_5$ 时段

1. S_3 开通后,谐振电感 L_r 中的电流继续减小
2. 电感电流 i_{Lr} 下降到零后,便反向增大
3. 直到 t_5 时刻 $i_{Lr}=I_L/k_T$
4. 变压器二次侧的 VD_1 的电流下降到零而关断,电流 I_L 全部转移到 VD_2 中

$t_0 \sim t_5$ 时段

$t_0 \sim t_5$ 时段正好是开关周期的一半,而在另一半开关周期 $t_5 \sim t_0$ 时段中,电路的工作过程与 $t_0 \sim t_5$ 时段完全对称,不再赘述。

10.3.4 零电压转换 PWM 电路

零电压转换 PWM 电路是另一种常用的软开关电路,具有电路简单、效率高等优点,广泛用于功率因数校正电路(PFC)、DC-DC 变换器、斩波器等。

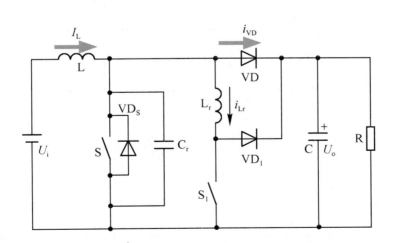

在分析中,假设电感 L 很大,因此可以忽略其中电流的波动;假设电容 C 也很大,因此输出电压的波动也可以被忽略。在分析中,还可以忽略元器件与线路中的损耗。

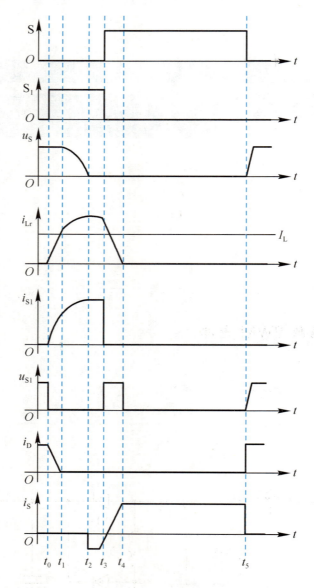

从上图可以看出，在零电压转换 PWM 电路中，辅助开关 S_1 超前于主开关 S 开通，而 S 开通后 S_1 就关断了。主要的谐振过程都集中在 S 开通前、后。

$t_0 \sim t_1$ 时段

1. 辅助开关先于主开关开通
2. 由于此时 VD 尚处于通态，所以电感 L_r 两端电压为 U_o，电流 i_{Lr} 按线性迅速增长
3. VD 中的电流以同样的速率下降
4. 直到 t_1 时刻，$i_{Lr}=I_L$，VD 中电流下降到零，VD 自然关断

$t_1 \sim t_2$ 时段，此时电路可以等效为下页图所示。

$t_1 \sim t_2$ 时段

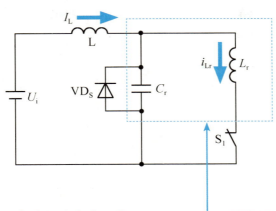

谐振回路

由于 L 很大，谐振过程中其电流基本不变，对谐振影响很小，可以忽略

1. 谐振过程中 L_r 中的电流增加，而 C_r 上的电压下降
2. t_2 时刻其电压 u_{Cr} 刚好降到零
3. 开关 S 的反并联二极管 VD_s 导通，u_{Cr} 被钳位于零，而电流 i_{Lr} 保持不变

$t_2 \sim t_3$ 时段

1. u_{Cr} 被钳位于零，而电流 i_{Lr} 保持不变
2. 这种状态一直保持到 t_3 时刻 S 开通、S_1 关断。

$t_3 \sim t_4$ 时段

1. 在 t_3 时刻，开关 S 开通时
2. S 两端电压为零，因此没有开关损耗
3. 在 S 开通的同时，S_1 关断
4. L_r 中的能量通过 VD_1 向负载侧输送
5. L_r 中电流线性下降，而主开关 S 中的电流线性上升
6. 到 t_4 时刻 $i_{Lr}=0$，VD_1 关断
7. 主开关 S 中的电流 $i_s=I_L$
8. 电路进入正常导通状态

$t_4 \sim t_5$ 时段

1. t_5 时刻 S 关断
2. 由于 C_r 的存在，故 S 关断时的电压上升率受到限制，降低了 S 的关断损耗。

附录 A　电机四象限简述

本书正文中，有多处涉及电机四象限工作的问题，在此给予简要的介绍。

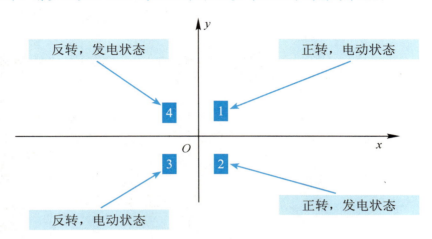

x 轴 ⟶ 数轴的正方向代表正转，反方向表示反转

y 轴 ⟶ 数轴的正方向代表正的电磁转矩，反方向表示负的电磁转矩

由于电机有时正转、有时反转，有时处于电动状态、有时处于发电状态，属于四象限运行，各个状态能量转换方向不同。

关于控制器的象限和电机的象限运行

单象限运行 ⟶ 能量只能单向流动　　四象限运行 ⟶ 能量可以双向流动

电机 ⟶ 电机的单象限运行是指其工作在电动状态，而四象限运行是指其可工作于发电状态。

变频器 ⟶ 变频器的单象限运行是指能量从电网进入变频器，而四象限运行是指量可以回馈电网。

单象限运行的变频器带四象限运行的电机时，电机发电的能量提升了母线电压，或者在制动单元中消耗掉。

单象限的直流调速换向较为麻烦，需要改变励磁或电枢的正、负极性来实现反转。

怎样实现变频器的四象限驱动功能

采用英国 CT 的 Unidriver 系列交流驱动器，还有 ABB、西门子的变频器，都可以实现四象限驱动功能。使用时，电机要选用交流电机，同时变频器要配置能耗单元。有如下两种方式可选。

制动单元 + 制动电阻 ⟶ 将电机反转时产生的方向再生电流消耗掉，否则易烧毁变频器或引起变频器跳闸。

逆变器 ⟶ 将逆变器接在变频器的直流母线上，当产生方向再生电流时，变频器直流母线电压升高，通过逆变器将直流母线的直流高电压变成与交流电网同步的交流电，将其反馈回电网，从而实现节能的目的。

附录 B 半导体集成电路型号命名方法

第0部分		第1部分		第2部分	第3部分		第4部分	
用字母表示器件符合国家标准		用字母表示器件的类型		用数字表示器件的系列和品种代号	用字母表示器件的工作温度		用字母表示器件的封装	
符号	意义	符号	意义		符号	意义	符号	意义
C	符合国家标准	T	TTL		C	0~70℃	F	多层陶瓷扁平
		H	HTL		G	−25~70℃	B	塑料扁平
		E	ECL		L	−25~85℃	H	黑瓷扁平
		C	CMOS		E	−40~85℃	D	多层陶瓷双列直插
		M	存储器		R	−55~85℃	J	黑瓷双列直插
		F	线性放大器		M	−55~125℃	P	塑料双列直插
		W	稳压器				S	塑料单列直插
		B	非线性电路				K	金属菱形
		J	接口电路				T	金属圆形
		AD	模/数转换器				C	陶瓷片状载体
		DA	数/模转换器				E	塑料片状载体
		D	音响电视电路				G	网格阵列
		SC	通信专用电路					

示例：C F 741 C T
- 金属圆形封装
- 工作温度为0~70℃
- 通用型运算放大器
- 线性放大器
- 符合国家标准